ABHANDLUNGEN DER DEUTSCHEN AKADEMIE
DER WISSENSCHAFTEN ZU BERLIN

*Klasse für Mathematik, Physik und Technik*

*Jahrgang 1964 Nr. 4*

# INTERNATIONALE TAGUNG ÜBER MATHEMATISCHE STATISTIK UND IHRE ANWENDUNGEN

**Berlin vom 4. bis 8. September 1962**

Herausgegeben von

Prof. Dr. K. SCHRÖDER

Direktor des Instituts für Angewandte Mathematik und Mechanik
der Forschungsgemeinschaft der naturw., techn. und med. Institute
der Deutschen Akademie der Wissenschaften zu Berlin

Direktor des II. Mathematischen Instituts der Humboldt-Universität zu Berlin

bearbeitet von

ERNA WEBER

Leiter der Abteilung für Statistik und Wahrscheinlichkeitsrechnung

Mit 17 Abbildungen und 28 Tabellen

AKADEMIE-VERLAG · BERLIN

1964

**Vorgelegt von Hrn. K. Schröder in der Klassensitzung vom 19. Dezember 1963**

**Zum Druck genehmigt am gleichen Tage, ausgegeben am 20. November 1964**

Erschienen im Akademie-Verlag GmbH, Berlin W 8, Leipziger Straße 3—4

Lizenznummer: 202 · 100/463/64
Gesamtherstellung: VEB Druckerei „Thomas Müntzer" Bad Langensalza
Bestellnummer: 2001/64/I/4 · ES 19 B 5 · Preis: MDN 16,30

*Frau Professor Dr. Erna Weber*

*zum 65. Geburtstag gewidmet*

## INHALTSVERZEICHNIS

# Der Einfluß der Besetzungszahlen auf die Mittelwertschätzung bei nichtorthogonaler Varianzanalyse im $2 \times n$-Fall

von J. ADAM

Hygiene-Institut der Martin-Luther-Universität Halle-Wittenberg, Halle

Medizinische Untersuchungen lassen sich nicht in jedem Falle wie Experimente bis ins letzte nach Gesichtspunkten statistischer Zweckmäßigkeit planen. Eine Aufgabe der medizinischen Statistik ist die Auswertung vorliegenden Materials z. B. aus Beratungs- und Fürsorgestellen. Führt eine solche Auswertung auf eine Varianzanalyse, so hat man oft ungleich besetzte Gruppen vor sich.

Die mehrfache Varianzanalyse mit ungleich besetzten Zellen erfordert jedoch einen erheblichen Rechenaufwand auch in einfachen Fällen. Die Bedingungen für die Brauchbarkeit bekannter Näherungsverfahren (z. B. nach KENDALL) sind auch nicht immer gegeben, deshalb muß jede rechnerische Vereinfachung genützt werden. Es soll mit 2 mal $n$ Niveaus eine solche für die doppelte Varianzanalyse angegeben werden.

Der doppelten Varianzanalyse mit ungleich besetzten Gruppen liegt bekanntlich ein Modell der Form

$$\varphi(x_{ijk}) = K \exp\left[-\frac{(x_{ijk} - \mu - \alpha_i - \beta_j)^2}{2\sigma^2}\right]$$

zugrunde mit

$$\sum_{i=1}^{m} \alpha_i = \sum_{j=1}^{n} \beta_j = 0 ,$$

$$k = 1, 2, \ldots, N_{ij}; \quad i = 1, 2, \ldots, m; \quad j = 1, 2, \ldots, n ,$$

ferner

$$\sum_i N_{ij} = N_{.j} , \quad \sum_j N_{ij} = N_{i.} \quad \text{und} \quad \sum_{i,j} N_{ij} = N .$$

Weiter sei

$$\frac{1}{N_{ij}} \sum_k x_{ijk} = \bar{x}_{ij} ; \qquad \frac{1}{N_{i.}} \sum_{j,k} x_{ijk} = \bar{x}_{i.} ; \qquad \frac{1}{N_{.j}} \sum_{i,k} x_{ijk} = \bar{x}_{.j} .$$

Für die Schätzung der Parameter $\mu$, $\alpha_i$, $\beta_j$ (mittels Maximum-Likelihood) ist es zweckmäßig, die Konstanten orthogonal zu transformieren, um auf ein System linear unabhängiger Gleichungen zu kommen. Die neuen Konstanten seien $\gamma$, $\delta_p$, $\eta_q$, ihre Schätzwerte $c$, $d_p$, $e_q$.

Die Transformationsgleichungen lauten

$$\begin{array}{ll} \mu + \alpha_1 + \beta_1 = \gamma , & \mu + \alpha_2 + \beta_2 = j + \delta_1, \ldots, \\ \mu + \alpha_1 + \beta_2 = j + \eta_1 , & \mu + \alpha_2 + \beta_2 = j + \delta_1 + \eta_1 , \ldots, \\ \ldots\ldots\ldots & \ldots\ldots\ldots \end{array}$$

Das Maximum-Likelihood-Schätzverfahren führt auf das folgende Gleichungssystem:

$$\begin{pmatrix} 1 & 0 & \dots & 0 & a_{11} & \dots & a_{1,n-1} \\ 1 & 1 & \dots & 0 & a_{21} & \dots & a_{2,n-1} \\ \vdots \\ 1 & 1 & 1 \dots & 1 & a_{m,1} & \dots & a_{m,n-1} \\ 1 & b_{11} & \dots & b_{m-1,1} & 0 & \dots & 0 \\ 1 & b_{12} & \dots & b_{m-1,2} & 1 & 0 \dots & 0 \\ \vdots \\ 1 & b_{1n} & \dots & b_{m-1,n} & 1 & 1 \dots & 1 \end{pmatrix} \cdot \begin{pmatrix} c \\ d_1 \\ \vdots \\ d_{m-1} \\ e_1 \\ \vdots \\ e_{n-1} \end{pmatrix} = \begin{pmatrix} \bar{x}_{1.} \\ \bar{x}_{2.} \\ \vdots \\ \bar{x}_{m.} \\ \bar{x}_{.1} \\ \bar{x}_{.2} \\ \vdots \\ \bar{x}_{.n} \end{pmatrix}, \tag{1}$$

worin

$$a_{ij} = \frac{\sum_{l=j+1}^{n} N_{il}}{N_{i.}} \qquad \text{und} \qquad b_{ij} = \frac{\sum_{k=i+1}^{m} N_{kj}}{N_{.j}} \qquad (i = 1, \dots, m; \quad j = 1, \dots, n)$$

bedeuten.

Subtrahiert man jede Zeile von der folgenden außer der $m$-ten von der $(m+1)$-ten und schreibt

$\mathfrak{E}_p$ für die Einheitsmatrix $p$-ter Ordnung,
$\mathfrak{A}$ für die Matrix mit $m-1$ Zeilen und $n-1$ Spalten der $A_{ij} = a_{i+1,j} - a_{ij}$,
$\mathfrak{B}$ für die Matrix mit $n-1$ Zeilen und $m-1$ Spalten der $B_{ij} = b_{i,j+1} - b_{ij}$,

so erhält man

$$\begin{pmatrix} \mathfrak{E}_{m-1} & \mathfrak{A} \\ \mathfrak{B} & \mathfrak{E}_{n-1} \end{pmatrix} \cdot \begin{pmatrix} d_1 \\ \vdots \\ d_{m-1} \\ e_1 \\ \vdots \\ e_{n-1} \end{pmatrix} = \begin{pmatrix} \bar{x}_{2.} - \bar{x}_{1.} \\ \vdots \\ \bar{x}_{m.} - \bar{x}_{m-1.} \\ \bar{x}_{.2} - \bar{x}_{.1} \\ \vdots \\ \bar{x}_{.n} - \bar{x}_{.n-1} \end{pmatrix}. \tag{2}$$

In dem von Stevens angegebenen Näherungsverfahren zur Lösung des Systems wird für die erste Näherung $d_i'$ von $d_i$ $\mathfrak{A} = (0)$ gesetzt, woraus

$$d_i' = \bar{x}_{i+1.} - \bar{x}_{i.} \qquad (i = 1, \dots, m-1)$$

folgt. Dies in den Rest des Systems eingesetzt, liefert die Näherung $e_j'$ von $e_j$:

$$\begin{pmatrix} e_1' \\ \vdots \\ e_{n-1}' \end{pmatrix} = \begin{pmatrix} \bar{x}_{.2} - \bar{x}_{.1} \\ \vdots \\ \bar{x}_{.n} - \bar{x}_{.n-1} \end{pmatrix} - \mathfrak{B} \begin{pmatrix} d_1' \\ \vdots \\ d_{m-1}' \end{pmatrix}. \tag{3}$$

Diese liefern in den 1. Teil des Systems eingesetzt die ersten Korrekturen $\mathfrak{d}_i'$ von $d_i'$

$$\begin{pmatrix} \mathfrak{d}_1' \\ \vdots \\ \mathfrak{d}_{m-1}' \end{pmatrix} = -\mathfrak{A} \begin{pmatrix} e_1' \\ \vdots \\ e_{n-1}' \end{pmatrix}. \tag{4}$$

Entsprechend folgt

$$\begin{pmatrix} \mathfrak{e}_1' \\ \vdots \\ \mathfrak{e}_{n-1}' \end{pmatrix} = -\mathfrak{B} \begin{pmatrix} \mathfrak{d}_1' \\ \vdots \\ \mathfrak{d}_{m-1}' \end{pmatrix}. \tag{5}$$

Das Verfahren wird fortgesetzt. Aus den $\mathfrak{e}_i^{(l-1)}$ werden die $\mathfrak{d}_i^{(l)}$ und aus den $\mathfrak{d}_i^{(l)}$ die $\mathfrak{e}_i^{(l)}$ berechnet. Allgemein folgt schließlich

$$\begin{pmatrix} \mathfrak{d}_1^{(l)} \\ \vdots \\ \mathfrak{d}_{m-1}^{(l)} \end{pmatrix} = \mathfrak{A}\,\mathfrak{B} \begin{pmatrix} \mathfrak{d}_1^{(l-1)} \\ \vdots \\ \mathfrak{d}_{m-1}^{(l-1)} \end{pmatrix}. \tag{6}$$

Im Falle $m = 2$ wird daraus

$$\mathfrak{d}_1^{(l)} = \mathfrak{A}\,\mathfrak{B}\,\mathfrak{d}_1^{(l-1)} = \sum_{j=1}^{n-1} A_{1j}\,B_{1j}\,\mathfrak{d}_1^{(l-1)} = q\,\mathfrak{d}_1^{(l-1)} \tag{6a}$$

mit

$$q = \sum_{j=1}^{n-1} A_{1j}\,B_{1j}\,.$$

Daraus ergibt sich, daß auch

$$\mathfrak{e}_i^{(l)} = q\,\mathfrak{e}_i^{(l-1)} \qquad (i = 1, \ldots, n-1)$$

ist. Die Korrekturen bilden eine geometrische Folge. Der direkte Vergleich von $q$ mit $\chi^2$ der 2mal $n$-Tafel der Besetzungszahlen ergibt, daß

$$\chi^2 = q\,N$$

ist. $q$ hängt also nur von den Besetzungszahlen ab. Da $\chi^2$ maximal $N$ sein kann, ist $q = 1$. Außer im Extremfall $\chi^2 = N$ konvergiert das Verfahren.

Damit wird

$$d_1 = d_1' + \mathfrak{d}_1' \frac{N}{N-\chi^2}\,, \qquad e_i = e_i' + \mathfrak{e}_i' \frac{N}{N-\chi^2}\,, \qquad i = 1, \ldots, n-1\,. \tag{7}$$

Es sind also nur die ersten Näherungen und ersten Korrekturen zu berechnen, falls $\chi^2$ bekannt ist. Diese Berechnungsmethode führt im 2mal $n$-Fall, der im medizinischen Bereich häufig auftritt, zur Arbeitsersparnis.

Ein Beispiel dazu: Die Expositionszeit bis zum Entstehen einer Silikose im I., II. und III. Stadium bei Männern und Frauen.[1])

Die Daten

| | I | II | III | Gesamt |
|---|---|---|---|---|
| Männer | $N_{11} = 230$<br>$E_{11} = 184{,}8$<br>$\sum_k x_{11k} = 7560$<br>$\sum_k x_{11k}^2 = 275690$ | $N_{12} = 89$<br>77,1<br>3072<br>118421 | $N_{13} = 279$<br>336,2<br>9017<br>327691 | $N_{1.} = 598$<br>598<br>19649<br>721802 |
| Frauen | $N_{21} = 108$<br>$E_{21} = 153{,}2$<br>$\sum_k x_{21k} = 2669$<br>$\sum_k x_{21k}^2 = 248493$ | $N_{22} = 52$<br>63,9<br>1306<br>39218 | $N_{23} = 336$<br>278,8<br>6863<br>178379 | $N_{2.} = 496$<br>496<br>10838<br>466090 |
| Gesamt | $N_{.1} = 338$<br>$\sum_k x_{.1k} = 10229$<br>$\sum_k x_{.1k}^2 = 524183$ | $N_{.2} = 141$<br>4378<br>157639 | $N_{.3} = 615$<br>15880<br>506070 | $N = 1094$<br>30478<br>1187892 |

[1]) Das Material wurde mir freundlicherweise von Herrn Prof. Dr. BRANDT, Direktor des Hygiene Institutes der Martin-Luther-Universität Halle-Wittenberg, überlassen.

$E_{ij}$: Erwartungswerte für Besetzung unter der Annahme der Unabhängigkeit von Silikosestufe und Geschlecht:

$$\chi^2 = \sum_{ij} \frac{N_{ij} - E_{ij}^2}{E_{ij}} = 49{,}9518\,, \qquad \frac{N}{N - \chi^2} = 1{,}0478\,.$$

*Berechnung der Schätzwerte:*

$$d_1' = \frac{10838}{496} - \frac{19649}{598} = -11{,}0071\,,$$

$$e_1' = \frac{4378}{141} - \frac{10229}{338} - \left(\frac{52}{141} - \frac{108}{338}\right)\cdot d_1' = 1{,}3286\,,$$

$$e_2' = \frac{15880}{615} - \frac{4378}{141} - \left(\frac{336}{615} - \frac{52}{141}\right)\cdot d_1' = 3{,}2742\,,$$

$$\mathfrak{b}_1' = 0{,}4685\,, \quad \mathfrak{e}_1' = -0{,}0231\,, \quad \mathfrak{e}_2' = -0{,}0832\,,$$

damit nach (7)

$d_1 = -10{,}5162$; $e_1 = 1{,}3048$; $e_2 = -3{,}3620$ und durch Einsetzen in (1)

$$c = \frac{10229}{338} - \frac{108}{338}\, d_1 = 33{,}6233\,.$$

Tafel der Konstanten $m_{ij} = m + a_i + b_j$ ($m$, $a_i$, $b_j$ Schätzungen von $\mu$, $\alpha_i$, $\beta_j$)

| | · 1 | · 2 | · 3 |
|---|---|---|---|
| 1 · | $m_{11} = 33{,}6233$ | $m_{12} = 34{,}9281$ | $m_{15} = 31{,}5661$ |
| 2 · | $m_{21} = 23{,}1071$ | $m_{22} = 24{,}4119$ | $m_{23} = 21{,}0499$ |

Tafel der Gruppenmittel $\bar{x}_{ij}$ zum Vergleich

| | | | | |
|---|---|---|---|---|
| 1 · | 32,8696 | 34,5169 | 32,3190 | 32,8579 |
| 2 · | 24,7130 | 25,1154 | 20,4256 | 21,8508 |
| | 30,2633 | 31,0496 | 25,8211 | 27,8675 |

*Varianzanalyse*

| Variab. | FG | SAQ | DQ | |
|---|---|---|---|---|
| Gesamt | 1093 | $\Sigma x_{ijn}^2 - N\bar{x}^2 = 338297$ | | |
| Wechselwirkung | 2 | $\Sigma N_{ij}(m_{ij} - \bar{x}_{ij})^2 = 747$ | 374 | |
| Innerhalb ($\bar{x}_{ij}$) | 1088 | $\Sigma(\Sigma x_{ijk}^2 - N_{ij}\bar{x}_{ij}^2) = 303002$ | 278 | |
| Innerhalb ($m_{ij}$) | 1090 | $\Sigma(\Sigma x_{ijk}^2 - N_{ij}m_{ij})^2 = 303749$ | 278 | $H_0$: $a_i = 0$, $i = 1, 2$ |
| Zwischen $m_{ij}$ | 3 | $\Sigma N_{ij}\bar{x}_{ij}m_{ij} - N\bar{x}^2 = 34548$ | 11516 | $b_j = 0$, $j = 1, 2, 3$ |
| Zwischen $m_{.j}$ | 2 | $\Sigma N_{.j}(\bar{x}_{.j} - \bar{x})^2 = 5943$ | | $H_0'$: $a_i = 0$ |
| Unterschied $Z$ | 1 | $\Sigma a_i(\bar{x}_{ij} - \bar{x}_{.j}) = 28605$ | 28605 | $i = 1, 2$ |
| Zwischen $m_{i.}$ | 1 | $\Sigma N_{i.}(\bar{x}_{i.} - \bar{x})^2 = 32848$ | | $H_0''$: $b_j = 0$ |
| Unterschied $Sp$ | 2 | $\Sigma b_j(\bar{x}_{ij} - x_{i.}) = 1700$ | 850 | $j = 1, 2, 3$ |

*Prüfungen:*

1. Modell (Wechselwirkung) $F_1 = \frac{374}{278} = 1{,}35$, Modell angenommen;
2. $H_0 : F_2 = \frac{11516}{278}$, $H_0$ abgelehnt;
3. $H_0' : F_3 = \frac{28605}{278}$, $H_0'$ abgelehnt;
4. $H_0'' : F_4 = \frac{850}{278} = 3{,}06$ gegen $F_{0,99}\,(2{,}1000) = 4{,}62$, $H_0''$ angenommen.

## Schlußfolgerungen

1. Ob eine silikathaltigen Stäuben ausgesetzte Person, sofern sie überhaupt an Silikose erkrankt, eine Silikose der Stufen I, II oder III bekommt, hängt weniger von der Expositionszeit als vielmehr von der individuellen Disposition ab.
2. Bei Frauen tritt die Silikose früher ein als bei Männern.
3. (Deutung der $2 \times 3$-Tafel). Bei den erkrankten Frauen ist die Silikose III wesentlich stärker vertreten als erwartet. Daß dies trotz durchschnittlich geringerer Expositionszeit als bei Männern der Fall ist, verstärkt die Aussage über die stärkere Gefährdung der Frauen bei Staubarbeit noch.

# Die Methode der Beziehungsmatrizen in der Varianzanalyse

von H. Ahrens

Deutsche Akademie der Wissenschaften zu Berlin,
Institut für Angewandte Mathematik und Mechanik

## Einleitung

In einer Arbeit von A. T. James [1] werden Beziehungen zwischen den Experimentaleinheiten einer Versuchsanlage definiert. Diese Beziehungen werden durch symmetrische Matrizen charakterisiert, die eine Algebra erzeugen. Die einzelnen Versuchsanlagen erzeugen unterschiedliche Algebren. Im Falle $k$-fach klassifizierter vollständiger Blockanlagen ist die Algebra kommutativ. Es soll betrachtet werden, inwieweit die algebraischen Eigenschaften von Versuchsanlagen für die statistische Praxis der Varianzanalyse nutzbar gemacht werden können. Wir definieren die Beziehungsmatrizen für eine 2fach klassifizierte Blockanlage (randomisiertes Blockexperiment) und erweitern die Methode auf die Kovarianzanalyse eines randomisierten Blockexperiments. Die Übertragung der Methode der Beziehungsmatrizen auf nichtorthogonale Versuchsanordnungen (unbalanzierter Fall) ermöglicht die Aufstellung von Gleichungssystemen für die Schätzung von Varianzkomponenten.

**1.** Gegeben seien $n$ Beobachtungsdaten $y_1, y_2, \ldots, y_n$ einer Versuchsanordnung. Eine Beziehung $R$ zwischen diesen Daten kann als eine symmetrische Matrix $\mathfrak{R}$ vom Typus $(n, n)$ charakterisiert werden, deren Elemente nur 0 oder 1 sind:

$$r_{kl} = \begin{cases} 1, \text{ falls } y_k \text{ und } y_l \text{ die Beziehung } R \text{ erfüllen,} \\ 0 \text{ sonst.} \end{cases} \tag{1.1}$$

Wir betrachten eine 2fache Klassifizierung (randomisiertes Blockexperiment). Für die $j$-te Beobachtung des $i$-ten Blocks gilt die Fundamentalgleichung

$$y_{ij} = \mu + \alpha_i + \tau_j + e_{ij}\,, \qquad i = 1, 2, \ldots, b, \qquad j = 1, 2, \ldots, t\,.$$

$\mu$, $\alpha_i$ und $\tau_j$ sind feste, zu schätzende Effekte.

$e_{ij}$ ist eine Zufallsgröße der Art

$$e_{ij} \ldots N(0, \sigma^2) \quad \text{für alle } i, j\,.$$

Sei

$$\mathfrak{y}' = (y_{11}, y_{12}, \ldots, y_{bt}) = (y_1, y_2, \ldots, y_n)\,.$$

In unserer gegebenen Versuchsanordnung sind folgende Beziehungen zwischen den Beobachtungsgrößen möglich:

Die Identitätsbeziehung $I$: Jede Beobachtungsgröße wird mit sich selbst in Beziehung gesetzt. Wir erhalten die Einheitsmatrix $\mathfrak{I}$.

Die Universalbeziehung $G$: Jede Beobachtungsgröße wird mit jeder in Beziehung gesetzt. Wir erhalten die Matrix $\mathfrak{G}$, die lt. Def. aus lauter Einsen besteht.

Die Beziehung $B$: Zwei Beobachtungsdaten erfüllen die Beziehung $B$, wenn sie demselben Block angehören. Wir erhalten die Matrix $\mathfrak{B}$.

Die Beziehung $T$: Zwei Beobachtungsdaten erfüllen die Beziehung $T$, wenn sie derselben Kolonne angehören. Wir erhalten die Matrix $\mathfrak{T}$.

Die Beziehungen $I$ und $G$ sind triviale Beziehungen, die in jeder Versuchsanlage vorkommen. Die Beziehungen $B$ und $T$ charakterisieren die spezielle Versuchsanordnung. Die Elemente der Matrizen $\mathfrak{J}$, $\mathfrak{G}$, $\mathfrak{B}$ und $\mathfrak{T}$ sind durch (1) gegeben.

Die Quadratsummen der Tabelle der Varianzanalyse lassen sich mit Hilfe der Beziehungsmatrizen als quadratische Formen schreiben: Wegen

$$\begin{aligned} \mathfrak{B}\,\mathfrak{y} &= (Y_{1.}, \ldots, Y_{1.}, \ldots, Y_{b.}, \ldots, Y_{b.})', \\ \mathfrak{T}\,\mathfrak{y} &= (Y_{.1}, \ldots, Y_{.t}, \ldots, Y_{.1}, \ldots, Y_{.t})', \\ \mathfrak{J}\,\mathfrak{y} &= \mathfrak{y}, \\ \mathfrak{G}\,\mathfrak{y} &= (Y_{..}, \ldots, Y_{..})' \end{aligned}$$

erhält man

$$\mathfrak{y}'\,\mathfrak{B}\,\mathfrak{y} = \sum_{i=1}^{b} Y_{i.}^2, \qquad \mathfrak{y}'\,\mathfrak{J}\,\mathfrak{y} = \sum_{i,j} y_{ij}^2,$$

$$\mathfrak{y}'\,\mathfrak{T}\,\mathfrak{y} = \sum_{j=1}^{t} Y_{.j}^2, \qquad \mathfrak{y}'\,\mathfrak{G}\,\mathfrak{y} = Y_{..}^2 .$$

Definieren wir

$$\tilde{\mathfrak{B}} = \frac{1}{t}\,\mathfrak{B}, \qquad \tilde{\mathfrak{T}} = \frac{1}{b}\,\mathfrak{T} \qquad \text{und} \qquad \tilde{\mathfrak{G}} = \frac{1}{t\,b}\,\mathfrak{G},$$

dann lautet die Tabelle der Varianzanalyse für eine 2fach klassifizierte Blockanlage (randomisiertes Blockexperiment):

| Quadrat. Formen | Freiheitsgrade |
|---|---|
| $S_B = \mathfrak{y}'\,(\tilde{\mathfrak{B}} - \tilde{\mathfrak{G}})\,\mathfrak{y}$ | $b - 1$ |
| $S_T = \mathfrak{y}'\,(\tilde{\mathfrak{T}} - \tilde{\mathfrak{G}})\,\mathfrak{y}$ | $t - 1$ |
| $S_R = \mathfrak{y}'\,(\mathfrak{J} - \tilde{\mathfrak{B}} - \tilde{\mathfrak{T}} + \tilde{\mathfrak{G}})\,\mathfrak{y}$ | $(b - 1)\,(t - 1)$ |
| $S_{\text{Total}} = \mathfrak{y}'\,(\mathfrak{J} - \tilde{\mathfrak{G}})\,\mathfrak{y}$ | $b\,t - 1$ |

Die Multiplikationstafel der Beziehungsmatrizen lautet:

$$\begin{array}{cccc} \mathfrak{J} & \mathfrak{B} & \mathfrak{T} & \mathfrak{G} \\ \mathfrak{B} & t\,\mathfrak{B} & \mathfrak{G} & t\,\mathfrak{G} \\ \mathfrak{T} & \mathfrak{G} & b\,\mathfrak{T} & b\,\mathfrak{G} \\ \mathfrak{G} & t\,\mathfrak{G} & b\,\mathfrak{G} & b\,t\,\mathfrak{G}. \end{array}$$

Hieraus ist ersichtlich, daß sowohl $\tilde{\mathfrak{B}}$, $\tilde{\mathfrak{T}}$ und $\tilde{\mathfrak{G}}$ als auch $\tilde{\mathfrak{B}} - \tilde{\mathfrak{G}}$, $\tilde{\mathfrak{T}} - \tilde{\mathfrak{G}}$, $\mathfrak{J} - \tilde{\mathfrak{B}} - \tilde{\mathfrak{T}} + \tilde{\mathfrak{G}}$ und $\mathfrak{J} - \tilde{\mathfrak{G}}$ idempotent sind. (Siehe [1].)

Auf Grund des bekannten Satzes, daß bei idempotenten Matrizen der Rang einer Matrix gleich ihrer Spur ist, sieht man leicht, daß den Freiheitsgraden in der Tabelle der Varianzanalyse die Ränge der zugehörigen Matrizen der quadratischen Formen entsprechen.

**2.** Bei der Kovarianzanalyse eines randomisierten Blockexperiments gehen wir von folgender Fundamentalgleichung aus:

$$y_{ij} = \mu + \alpha_i + \tau_j + \beta\,x_{ij} + e_{ij}, \qquad i = 1, 2, \ldots, b; \quad j = 1, 2, \ldots, t.$$

$\mu$, $\alpha_i$, $\tau_j$ und $\beta$ sind zu schätzende Parameter, $e_{ij} \ldots N(0, \sigma^2)$, $x_{ij}$ die begleitende Variable.

Die Beziehungsmatrizen sind die des randomisierten Blockexperiments. Wir erhalten in der Tabelle der Kovarianzanalyse quadratische Formen in $x$, in $y$ und Bilinearformen in $x$ und $y$. Wir drücken das durch $S(x)$, $S(y)$ und $S(x, y)$ aus.

Die Tabelle der Kovarianzanalyse lautet:

| Quadr. Formen in $x$ | Quadr. Formen in $y$ | Bilinearformen | Freiheitsgrade |
|---|---|---|---|
| $S_B(x) = \underline{x}'(\tilde{\mathfrak{B}} - \tilde{\mathfrak{G}})\,\underline{x}$ | $S_B(y) = \mathfrak{y}'(\tilde{\mathfrak{B}} - \tilde{\mathfrak{G}})\,\mathfrak{y}$ | $S_B(x, y) = \underline{x}'(\tilde{\mathfrak{B}} - \tilde{\mathfrak{G}})\,\mathfrak{y}$ | $b-1$ |
| $S_T(x) = \underline{x}'(\tilde{\mathfrak{T}} - \tilde{\mathfrak{G}})\,\underline{x}$ | $S_T(y) = \mathfrak{y}'(\tilde{\mathfrak{T}} - \tilde{\mathfrak{G}})\,\mathfrak{y}$ | $S_T(x, y) = \underline{x}'(\tilde{\mathfrak{T}} - \tilde{\mathfrak{G}})\,\mathfrak{y}$ | $t-1$ |
| $S_R(x) = \underline{x}'(\mathfrak{J} - \tilde{\mathfrak{B}} - \tilde{\mathfrak{T}} + \tilde{\mathfrak{G}})\underline{x}$ | $S_R(y) = \mathfrak{y}'(\mathfrak{J} - \tilde{\mathfrak{B}} - \tilde{\mathfrak{T}} + \tilde{\mathfrak{G}})\mathfrak{y}$ | $S_R(x, y) = \underline{x}'(\mathfrak{J} - \tilde{\mathfrak{B}} - \tilde{\mathfrak{T}} + \tilde{\mathfrak{G}})\mathfrak{y}$ | $(b-1)(t-1)$ |
| $S_{\text{Total}}(x) = x'(\mathfrak{J} - \tilde{\mathfrak{G}})\,\underline{x}$ | $S_{\text{Total}}(y) = \mathfrak{y}'(\mathfrak{J} - \tilde{\mathfrak{G}})\,\mathfrak{y}$ | $S_{\text{Total}}(x, y) = \underline{x}'(\mathfrak{J} - \tilde{\mathfrak{G}})\,\mathfrak{y}$ | $b\,t-1$ |

**3.** Wir wollen an einem Beispiel erläutern, welchen Nutzen man aus den Beziehungsmatrizen und ihren algebraischen Eigenschaften ziehen kann.

Die $\tau_j$ $(j = 1, 2, \ldots, t)$ heißen Spalteneffekte (oft auch Behandlungseffekte, wenn es sich um einen Versuch aus der landwirtschaftlichen Praxis handelt). Aus den Lösungen der Normalgleichungen erhält man die Schätzungen für die $\tau_j$ mit

$$\tau_j = \left(\frac{Y_{.j}}{b} - \frac{Y_{..}}{b\,t}\right) - \hat{\beta}\left(\frac{X_{.j}}{b} - \frac{X_{..}}{b\,t}\right),$$

wobei

$$\hat{\beta} = \frac{S_R(x, y)}{S_R(x)} = \frac{\sum\limits_{i,j} (x_{ij} - x_{i.} - x_{.j} + x_{..})\,(y_{ij} - y_{i.} - y_{.j} + y_{..})}{\sum\limits_{i,j} (x_{ij} - x_{i.} - x_{.j} + x_{..})^2},$$

d. h., wir haben diejenige Form von $S_R(x, y)$ und $S_R(x)$ gewählt, wie sie ohne Kenntnis der Beziehungsmatrizen bisher verwendet wird. Die lineare Form

$$f = \sum_{j=1}^{t} k_j\,\tau_j$$

mit $\underline{k}' = (k_1, \ldots, k_t) \neq (0, \ldots, 0)$ heißt *Kontrast* der Effekte $\tau_k$, wenn

$$\sum_{j=1}^{t} k_j = 0\,.$$

Die unverzerrte lineare Schätzung von $f$ mit der kleinsten Varianz ist (nach dem bekannten MARKOFFschen Satz)

$$\hat{f} = \sum_{j=1}^{t} k_j\,\hat{\tau}_j\,.$$

Ein Beispiel für einen Kontrast $f$ ist die Differenz

$$f = \tau_j - \tau_k\,.$$

Zum Test der Hypothese

$$\tau_j - \tau_k = 0$$

kann man die $t$-Charakteristik benutzen. Dazu brauchen wir

$$\operatorname{Var}(\hat{\tau}_j - \hat{\tau}_k) = \operatorname{Var}\left[\left(\frac{Y_{.j}}{b} - \frac{Y_{.k}}{b}\right) - \frac{S_R(x, y)}{S_R(x)}\left(\frac{X_{.j}}{b} - \frac{X_{.k}}{b}\right)\right] = \frac{2}{b}\,\sigma^2 + \frac{\sigma^2}{b^2\,S_R(x)}\,(X_{.j} - X_{.k})^2\,.$$

Hierbei sind jedoch recht umfangreiche Rechnungen nötig, vor allem bei

$$\operatorname{Var}[S_R(x, y)]\,,$$

wenn man keine Beziehungsmatrizen benutzt.

Es ist

$$\operatorname{Var}(S_R(x, y_1)) = \operatorname{Var}\Big(\sum_{i,j} (x_{ij} - x_{i.} - x_{.j} + x_{..})\ (y_{ij} - y_{i.} - y_{.j} + y_{..})\Big)$$

zu berechnen.

Setze $\mathring{x}_{ij} = x_{ij} - x_{i.} - x_{.j} + x_{..}$, $i = 1, 2, \ldots, b$, $j = 1, 2, \ldots, t$

$$\underline{\mathring{x}}_i = \begin{pmatrix} \mathring{x}_{i1} \\ \vdots \\ \mathring{x}_{it} \end{pmatrix} \quad \text{und} \quad \mathring{\boldsymbol{x}} = \begin{pmatrix} \underline{\mathring{x}}_1 \\ \vdots \\ \underline{\mathring{x}}_b \end{pmatrix}.$$

Ferner definieren wir

$$\varrho_{ij} = y_{ij} - y_{i.} - y_{.j} + y_{..},$$

$$\underline{\varrho}_i = \begin{pmatrix} \varrho_{i1} \\ \vdots \\ \varrho_{it} \end{pmatrix} \quad \text{und} \quad \boldsymbol{\rho} = \begin{pmatrix} \underline{\varrho}_1 \\ \vdots \\ \underline{\varrho}_b \end{pmatrix}.$$

Dann ist

$$S_R(x, y) = \boldsymbol{x}' \boldsymbol{\rho}.$$

Dann lautet unsere Aufgabe

$$\operatorname{Var}(S_R(x, y)) = \operatorname{Var}(\mathring{\boldsymbol{x}}' \boldsymbol{\rho}) = \mathring{\boldsymbol{x}}' \operatorname{Cov}(\boldsymbol{\rho}, \boldsymbol{\rho}')\, \mathring{\boldsymbol{x}}.$$

Die Aufgabe reduziert sich auf die Berechnung von

$$\operatorname{Cov}(\boldsymbol{\rho}, \boldsymbol{\rho}').$$

Diese Kovarianzmatrix ist aber eine Matrix von Kovarianzmatrizen:

$$\operatorname{Cov}(\boldsymbol{\rho}, \boldsymbol{\rho}') = \begin{pmatrix} \operatorname{Cov}(\underline{\varrho}_1, \underline{\varrho}_1') & \ldots & \operatorname{Cov}(\underline{\varrho}_1, \underline{\varrho}_b') \\ \ldots & \ldots & \ldots \\ \operatorname{Cov}(\underline{\varrho}_b, \underline{\varrho}_1') & \ldots & \operatorname{Cov}(\underline{\varrho}_b, \underline{\varrho}_b') \end{pmatrix}. \tag{3.1}$$

Die Kovarianzmatrizen der Hauptdiagonale sind von der Gestalt

$$\operatorname{Cov}(\underline{\varrho}_i, \underline{\varrho}_i') = \begin{pmatrix} \operatorname{Cov}(\varrho_{i1}, \varrho_{i1}) & \ldots & \operatorname{Cov}(\varrho_{i1}, \varrho_{it}) \\ \ldots & \ldots & \ldots \\ \operatorname{Cov}(\varrho_{it}, \varrho_{i1}) & \ldots & \operatorname{Cov}(\varrho_{it}, \varrho_{it}) \end{pmatrix}.$$

Hierbei stehen in der Hauptdiagonale die Größen

$$\operatorname{Var}(\varrho_{ij}) \tag{3.2}$$

und außerhalb

$$\operatorname{Cov}(\varrho_{ij}, \varrho_{ij'}) \quad \text{mit} \quad j' \neq j. \tag{3.3}$$

Die Matrizen außerhalb der Hauptdiagonale in (3.1) haben folgende Gestalt:

$$\operatorname*{Cov}_{i \neq k}(\underline{\varrho}_i, \underline{\varrho}_k') = \begin{pmatrix} \operatorname{Cov}(\varrho_{i1}, \varrho_{k1}) & \ldots & \operatorname{Cov}(\varrho_{t1}, \varrho_{kt}) \\ \ldots & \ldots & \ldots \\ \operatorname{Cov}(\varrho_{it}, \varrho_{k1}) & \ldots & \operatorname{Cov}(\varrho_{it}, \varrho_{kt}) \end{pmatrix}.$$

Hier stehen in der Hauptdiagonalen die Größen

$$\operatorname{Cov}(\varrho_{ij}, \varrho_{i'j}), \qquad i \neq i' \tag{3.4}$$

und außerhalb

$$\operatorname{Cov}(\varrho_{ij}, \varrho_{i'j'}), \qquad i \neq i', \ j \neq j'. \tag{3.5}$$

Um $\operatorname{Var}[S_R(x, y)]$ zu ermitteln, muß man also $\operatorname{Var}(\varrho_{ij})$, $\operatorname*{Cov}_{j \neq j'}(\varrho_{ij}, \varrho_{ij'})$, $\operatorname*{Cov}_{i \neq i'}(\varrho_{ij}, \varrho_{i'j})$ und $\operatorname*{Cov}_{\substack{i \neq i' \\ j \neq j'}}(\varrho_{ij}, \varrho_{i'j'})$ berechnen.

Laut Definition ist

$$\varrho_{ij} = y_{ij} - y_{i.} - y_{.j} + y_{..}$$

mit

$$y_{i.} = \frac{1}{t}\sum_{j=1}^{t} y_{ij}\,, \qquad y_{.j} = \frac{1}{b}\sum_{i=1}^{b} y_{ij}\,, \qquad y_{..} = \frac{1}{b\,t}\sum_{i,j} y_{ij}\,.$$

Bei Verwendung der bekannten Formel

$$\mathrm{Cov}\,(u, v) = \frac{1}{2}\,[\mathrm{Var}\,(u) + \mathrm{Var}\,(v) - \mathrm{Var}\,(u - v)]$$

berechnet man die Größen (3.2) bis (3.5) und erhält als Endresultat

$$\mathrm{Var}[S_R(x, y)] = \sigma^2 \cdot S_R(x)\,.$$

Wenn man Beziehungsmatrizen benutzt, kann man Berechnungen dieser und ähnlicher Art radikal abkürzen.

Laut Voraussetzung ist $y_{ij} \ldots N(0, \sigma^2)$, d. h. $\mathrm{Cov}(\mathfrak{y}, \mathfrak{y}') = \sigma^2\mathfrak{J}$, und $(\mathfrak{J} - \tilde{\mathfrak{B}} - \tilde{\mathfrak{T}} + \tilde{\mathfrak{G}})$ ist symmetrisch und idempotent. Dann ist

$$\begin{aligned}\mathrm{Var}\,[S_R(x, y)] &= \mathrm{Var}\,[\underline{x}'\,(\mathfrak{J} - \tilde{\mathfrak{B}} - \tilde{\mathfrak{T}} + \tilde{\mathfrak{G}})\,\mathfrak{y}]\\ &= \underline{x}'\,(\mathfrak{J} - \tilde{\mathfrak{B}} - \tilde{\mathfrak{T}} + \tilde{\mathfrak{G}})\,\mathrm{Cov}\,(\mathfrak{y}, \mathfrak{y}')\,(\mathfrak{J} - \tilde{\mathfrak{B}} - \tilde{\mathfrak{T}} + \tilde{\mathfrak{G}})\,\underline{x}\\ &= \sigma^2\,\underline{x}'\,(\mathfrak{J} - \tilde{\mathfrak{B}} - \tilde{\mathfrak{T}} + \tilde{\mathfrak{G}})^2\,\underline{x} = \sigma^2\,\underline{x}'\,(\mathfrak{J} - \tilde{\mathfrak{B}} - \tilde{\mathfrak{T}} + \tilde{\mathfrak{G}})\,\underline{x}\\ &= \sigma^2\,S_R(x).\end{aligned}$$

4. Wir betrachten EISENHARTS Modelle II (siehe [2]) im Falle nichtorthogonaler Versuchsanlagen und schätzen die Varianzkomponenten nach HENDERSONS Methode 1 [3]. Dieses Verfahren liefert unverzerrte Schätzungen der Varianzkomponenten und geht von sogenannten unkorrekten Quadratsummen der Tabelle der Varianzanalyse aus. Unkorrekt insofern, da diese Quadratsummen nicht für die Aufstellung einer Testcharakteristik geeignet sind. Die Beziehungsmatrizen gestatten einen systematischen Aufbau der Schätzungen der Varianzkomponenten für nichtorthogonale Versuchsanlagen. Wir demonstrieren das Verfahren an einer 2fachen Klassifizierung mit ungleich besetzten Unterklassen.

Allgemeine Aussagen finden sich in [4].

Unsere Fundamentalgleichung lautet:

$$y_{ijk} = \mu + \beta_i + \tau_j + (\beta\,\tau)_{ij} + e_{ijk}\,,$$

$$i = 1, 2, \ldots, b; \quad j = 1, 2, \ldots, t; \quad k = 1, 2, \ldots, n_{ij}\,.$$

$\mu$ ist ein fester, zu schätzender Parameter. Für die anderen Größen gilt:

$$\beta_i \ldots N(0, \sigma_b^2)\,, \qquad \tau_j \ldots N(0, \sigma_t^2)\,, \qquad (\beta\,\tau)_{ij} \ldots N(0, \sigma_{bt}^2)\,, \qquad e_{ijk} \ldots N(0, \sigma_e^2)\,,$$

$$\mathrm{Cov}\,(\beta_i, \tau_j) = 0\,, \qquad \mathrm{Cov}\,(\beta_i, (\beta\,\tau)_{ij}) = 0\,, \qquad \mathrm{Cov}\,(\beta_i, e_{ijk}) = 0\,,$$

$$\mathrm{Cov}\,(\tau_j, (\beta\,\tau)_{ij}) = 0\,, \qquad \mathrm{Cov}\,(\tau_j, e_{ijk}) = 0\,, \qquad \mathrm{Cov}\,((\beta\,\tau)_{ij}, e_{ijk}) = 0\,.$$

Zur Aufstellung der Beziehungsmatrizen: Außer den beiden trivialen Beziehungen $I$ und $G$ mit den Matrizen $\mathfrak{J}$ und $\mathfrak{G}$ sind noch 3 nichttriviale Beziehungen möglich:

$B$: Zwei Beobachtungen gehören demselben Block an.
$T$: Zwei Beobachtungen gehören derselben Kolonne an.
$W$: Zwei Beobachtungen stehen in Wechselwirkung Block — Kolonne.

Diese Beziehungen werden durch die symmetrischen Matrizen $\mathfrak{B}$, $\mathfrak{T}$ und $\mathfrak{W}$ charakterisiert.

Die Matrizen sind vom Typus $(n, n)$ mit $n = \sum_{i,j} n_{ij}$. Ferner gilt

$$n_{i.} = \sum_j n_{ij}\,, \qquad n_{.j} = \sum_i n_{ij}\,.$$

$\mathfrak{J}$ ist die Einheitsmatrix. Die anderen Matrizen werden in $b^2$ Untermatrizen und diese wieder in je $t^2$ Submatrizen unterteilt.

Sei $\mathfrak{g}_{(n_{ij},\, n_{ml})}$ eine Matrix aus lauter Einsen. $(n_{ij},\, n_{ml})$ ist der Typus der Matrix mit

$$i, m = 1, 2, \ldots, b\,, \qquad j, l = 1, 2, \ldots, t\,.$$

Wir schreiben

$$\mathfrak{g}_{(n_{ij},\, n_{ml})} = \mathfrak{g}_{imjl}\,.$$

Das erste Indexpaar gibt die Untermatrix an, das zweite Indexpaar die Submatrix innerhalb der Untermatrix.

Die vorkommenden Beziehungsmatrizen setzen sich aus solchen Submatrizen zusammen. Wir charakterisieren die Beziehungsmatrizen durch die Submatrizen, aus denen sie sich zusammensetzen.

$$\begin{aligned}
\mathfrak{G} &: \mathfrak{g}_{imjl} \\
\mathfrak{B} &: \delta_{im}\, \mathfrak{g}_{imjl} \\
\mathfrak{T} &: \delta_{jl}\, \mathfrak{g}_{imjl} \\
\mathfrak{W} &: \delta_{im}\, \delta_{jl}\, \mathfrak{g}_{imjl}\,.
\end{aligned} \qquad (\delta \text{ als KRONECKER-Symbol})\,.$$

Für die quadratischen Formen in der Tabelle der Varianzanalyse brauchen wir $\hat{\mathfrak{G}}$, $\hat{\mathfrak{B}}$, $\hat{\mathfrak{T}}$ und $\hat{\mathfrak{W}}$ mit

$$\begin{aligned}
\hat{\mathfrak{G}} &: \frac{1}{n}\, \mathfrak{g}_{imjl} \\
\hat{\mathfrak{B}} &: \delta_{im}\, \frac{1}{n_{i.}}\, \mathfrak{g}_{imjl} \\
\hat{\mathfrak{T}} &: \delta_{jl}\, \frac{1}{n_{.j}}\, \mathfrak{g}_{imjl} \\
\hat{\mathfrak{W}} &: \delta_{im}\, \delta_{jl}\, \frac{1}{n_{ij}}\, \mathfrak{g}_{imjl}\,.
\end{aligned}$$

Wenn $\mathfrak{y}' = (y_{111}, \ldots, y_{b\,t\,n_{bt}})$, dann erhalten wir die Tabelle der Varianzanalyse mit den unkorrekten quadratischen Formen:

| Quadr. Formen | Freiheitsgrade |
|---|---|
| $S_B = \mathfrak{y}'\,(\hat{\mathfrak{B}} - \hat{\mathfrak{G}})\,\mathfrak{y}$ | $b - 1$ |
| $S_T = \mathfrak{y}'\,(\hat{\mathfrak{T}} - \hat{\mathfrak{G}})\,\mathfrak{y}$ | $t - 1$ |
| $S_{B\times T} = \mathfrak{y}'\,(\hat{\mathfrak{W}} - \hat{\mathfrak{B}} - \hat{\mathfrak{T}} + \hat{\mathfrak{G}})\,\mathfrak{y}$ | $(b - 1)\,(t - 1)$ |
| $S_R = \mathfrak{y}'\,(\mathfrak{E} - \hat{\mathfrak{W}})\,\mathfrak{y}$ | $n - b\,t$ |
| $S_{\text{Total}} = \mathfrak{y}'\,(\mathfrak{E} - \hat{\mathfrak{G}})\,\mathfrak{y}$ | $n - 1$ |

Diese Tabelle ist Ausgangspunkt für die Schätzung der Varianzkomponenten $\sigma_b^2$, $\sigma_t^2$, $\sigma_{bt}^2$, $\sigma_e^2$. $\hat{\sigma}_b^2$, $\hat{\sigma}_t^2$, $\hat{\sigma}_{bt}^2$ und $\hat{\sigma}_e^2$ seien die Schätzungen.

5. Mit Hilfe der Beziehungsmatrizen erhalten wir in der Tabelle der Varianzanalyse quadratische Formen normalverteilter nichtkorrelierender Zufallsgrößen. Daher können wir folgenden Satz anwenden (siehe [5]).

Satz: *Wenn $\mathfrak{y}$ eine n-dimensionale Normalverteilung besitzt mit dem Mittelwertsvektor $\mathfrak{D}$ und der Kovarianzmatrix $\mathfrak{B}$, dann gilt für die s-te Kumulante $k_s$ einer quadratischen Form $\mathfrak{y}'\mathfrak{A}\,\mathfrak{y}$*

$$k_s = 2^{s-1}\,(s - 1)!\;\mathrm{Sp}\,(\mathfrak{B}\,\mathfrak{A})^s\,.$$

Für die Schätzung der Varianzkomponenten brauchen wir

$$k_1 = E\,(\mathfrak{y}'\,\mathfrak{A}\,\mathfrak{y}) = \mathrm{Sp}\,(\mathfrak{B}\,\mathfrak{A})\,. \tag{5.1}$$

Der in [4] bewiesene Satz über die Zerlegung der Kovarianzmatrix $\mathfrak{V}$ eines Modells in eine Summe von Beziehungsmatrizen des entsprechenden Modells gibt die Möglichkeit eines systematischen Aufbaus der Schätzungen der Varianzkomponenten für nichtorthogonale Versuchsanlagen. In dem hier behandelten Modell gilt für die Kovarianzmatrix $\mathfrak{V}$ folgende Zerlegung:

$$\mathfrak{V} = \sigma_e^2\, \mathfrak{J} + \sigma_b^2\, \mathfrak{B} + \sigma_t^2\, \mathfrak{T} + \sigma_{bt}^2\, \mathfrak{W}\,. \tag{5.2}$$

Bei Anwendung des obigen Satzes und speziell der Formeln (5.1) und (5.2) erhalten wir als Gleichungssystem für die Schätzungen der Varianzkomponenten:

$$\begin{aligned}
S_B &= \hat\sigma_e^2 \operatorname{Sp}(\hat{\mathfrak{B}} - \hat{\mathfrak{S}}) + \hat\sigma_b^2 \operatorname{Sp} \mathfrak{B}(\hat{\mathfrak{B}} - \hat{\mathfrak{S}}) + \hat\sigma_t^2 \operatorname{Sp} \mathfrak{T}(\hat{\mathfrak{B}} - \hat{\mathfrak{S}}) + \hat\sigma_{bt}^2 \operatorname{Sp} \mathfrak{W}(\hat{\mathfrak{B}} - \hat{\mathfrak{S}})\,,\\
S_T &= \hat\sigma_e^2 \operatorname{Sp}(\hat{\mathfrak{T}} - \hat{\mathfrak{S}}) + \hat\sigma_b^2 \operatorname{Sp} \mathfrak{B}(\hat{\mathfrak{T}} - \hat{\mathfrak{S}}) + \hat\sigma_t^2 \operatorname{Sp} \mathfrak{T}(\hat{\mathfrak{T}} - \hat{\mathfrak{S}}) + \hat\sigma_{bt}^2 \operatorname{Sp} \mathfrak{W}(\hat{\mathfrak{T}} - \hat{\mathfrak{S}})\,,\\
S_{B\times T} &= \hat\sigma_e^2 \operatorname{Sp}(\hat{\mathfrak{W}} - \hat{\mathfrak{B}} - \hat{\mathfrak{T}} + \hat{\mathfrak{S}}) + \hat\sigma_b^2 \operatorname{Sp} \mathfrak{B}(\hat{\mathfrak{W}} - \hat{\mathfrak{B}} - \hat{\mathfrak{T}} + \hat{\mathfrak{S}}) + \hat\sigma_t^2 \operatorname{Sp} \mathfrak{T}(\hat{\mathfrak{W}} - \hat{\mathfrak{B}} - \hat{\mathfrak{T}} + \hat{\mathfrak{S}})\\
&\quad + \hat\sigma_{bt}^2 \operatorname{Sp} \mathfrak{W}(\hat{\mathfrak{W}} - \hat{\mathfrak{B}} - \hat{\mathfrak{T}} + \hat{\mathfrak{S}})\,,\\
S_R &= \hat\sigma_e^2 \operatorname{Sp}(\mathfrak{J} - \hat{\mathfrak{W}}) + \hat\sigma_b^2 \operatorname{Sp} \mathfrak{B}(\mathfrak{J} - \hat{\mathfrak{W}}) + \hat\sigma_t^2 \operatorname{Sp} \mathfrak{T}(\mathfrak{J} - \hat{\mathfrak{W}}) + \hat\sigma_{bt}^2 \operatorname{Sp} \mathfrak{W}(\mathfrak{J} - \hat{\mathfrak{W}})\,.
\end{aligned}$$

Die Art der Darstellung der Beziehungsmatrizen durch die Submatrizen, aus denen sie sich aufbauen, gestattet eine einfache Produkt- und Spurenbildung, so daß die Koeffizienten der Schätzungen leicht zu ermitteln sind. Man erhält

$$\begin{aligned}
S_B &= (b-1)\,\hat\sigma_e^2 + \Big(n - \frac{1}{n}\sum_i n_{i.}^2\Big)\hat\sigma_b^2 + \Big(\sum_{i,j}\frac{n_{ij}^2}{n_{i.}} - \frac{1}{n}\sum_j n_{.j}^2\Big)\hat\sigma_t^2 + \Big(\sum_{i,j}\frac{n_{ij}^2}{n_{i.}} - \frac{1}{n}\sum_{i,j} n_{ij}^2\Big)\hat\sigma_{bt}^2\,,\\
S_T &= (t-1)\,\hat\sigma_e^2 + \Big(\sum_{i,j}\frac{n_{ij}^2}{n_{.j}} - \frac{1}{n}\sum_i n_{i.}^2\Big)\hat\sigma_b^2 + \Big(n - \frac{1}{n}\sum_j n_{.j}^2\Big)\hat\sigma_t^2 + \Big(\sum_{i,j}\frac{n_{ij}^2}{n_{.j}} - \frac{1}{n}\sum_{i,j} n_{ij}^2\Big)\hat\sigma_{bt}^2\,,\\
S_{B\times T} &= (b-1)(t-1)\,\hat\sigma_e^2 + \Big(\frac{1}{n}\sum_i n_{i.}^2 - \sum_{i,j}\frac{n_{ij}^2}{n_{.j}}\Big)\hat\sigma_b^2 + \Big(\frac{1}{n}\sum_j n_{.j}^2 - \sum_{i,j}\frac{n_{ij}^2}{n_{i.}}\Big)\hat\sigma_t^2\\
&\quad + \Big(n - \sum_{i,j}\frac{n_{ij}^2}{n_{i.}} - \sum_{i,j}\frac{n_{ij}^2}{n_{.j}} + \frac{1}{n}\sum_{i,j} n_{ij}^2\Big)\hat\sigma_{bt}^2\,,\\
S_R &= (n - b\,t)\,\hat\sigma_e^2\,.
\end{aligned}$$

6. Mit Hilfe des Satzes über die Kumulanten quadratischer Formen normalverteilter Zufallsgrößen und des in [4] bewiesenen Satzes über die Zerlegung der Kovarianzmatrizen ist die Ermittlung der Schätzungen von Varianzkomponenten beliebig klassifizierter nichtorthogonaler Versuchsanlagen möglich. Damit ist das von S. L. Crump [6] gestellte Problem behandelt.

### Literatur


[1] James, A. T., The relationship algebra of an experimental design. Ann. Math. Stat. **28** (1957).

[2] Eisenhart, Ch., The assumptions underlying analysis of variance. Biometrics **3** (1947).

[3] Henderson, C. R., Estimation of variance and covariance components. Biometrics **9** (1953).

[4] Ahrens, H., Die Methode der Beziehungsmatrizen in der Varianzanalyse bei der Aufstellung von Gleichungssystemen für die Schätzungen von Varianzkomponenten in nichtorthogonalen Versuchsanlagen. Dissertation, Humboldt-Universität Berlin 1962.

[5] Whittle, P., Hypothesis testing in time series analysis. Uppsala 1951.

[6] Crump, S. L., Estimation of variance components in analysis of variance. Biometrics **2** (1946).

# Anwendung von Rechenautomaten bei statistischen Problemen

von K.-H. Bachmann

Deutsche Akademie der Wissenschaften zu Berlin,
Institut für Angewandte Mathematik und Mechanik

Historisch gesehen wurde die Entwicklung von Rechenautomaten sehr stark durch die Forderungen der statistischen Praxis gefördert. In den Jahren zwischen 1880 und 1890 wurden durch den Ingenieur Hermann Hollerith die ersten Lochkartenmaschinen entwickelt und 1890 zur Auswertung der Volkszählung in den USA eingesetzt. Durch dieses Beispiel wurde ein weitgehender Einsatz von Lochkartenanlagen angeregt, und die Hollerith-Maschinen fanden auch Anwendungen im wirtschaftlichen Rechnungswesen.

Der Wunsch, nicht nur einfache Sortiervorgänge mit den Lochkartenmaschinen vorzunehmen, führte zur Koppelung mit Rechenmaschinen. Zuerst waren es mechanische Rechenmaschinen, die nur addieren konnten, später kam die Multiplikation und dann die Ausführung ganzer Rechenprogramme hinzu. Dabei werden die auf einer Lochkarte stehenden Zahlen nach diesem Programm verarbeitet, und die Resultate werden entweder auf einer Tabelliermaschine gedruckt oder in die gleiche oder eine andere Lochkarte gestanzt. Die Rechenmaschinen mußten der Arbeitsweise der Lochkartenmaschinen angepaßt werden, daher wurde von H. Aiken ca. 1940 eine elektromechanisch arbeitende Rechenmaschine (Relaisrechner) entwickelt. Hierdurch wurde die Entwicklung elektronischer Rechenautomaten eingeleitet, die jetzt sehr große Ausmaße angenommen hat. Elektronische Rechenautomaten werden nicht nur zum Rechnen, sondern für sehr viele andere Zwecke der automatischen Verarbeitung von Daten benutzt. Neben die Lochkarte als Informationsträger sind andere getreten, z. B. der Lochstreifen, und man strebt an, dem Automaten direkt die Erkennung geschriebener und gesprochener Worte zu ermöglichen.

Bei der Behandlung statistischer Probleme kann man im groben gesehen zwei Bearbeitungsstufen unterscheiden:

1. die Vorbereitung der anfallenden Daten,
2. die Auswertung der so vorbereiteten Daten.

Der Einsatz von Maschinen erfolgt hauptsächlich in der ersten Stufe (Sortieren usw.), jedoch sind für gewisse Probleme — z. B. in der Korrelationsrechnung — auch umfangreiche Rechnungen zur Auswertung nötig. In der Korrelationsrechnung zur Untersuchung der stochastischen Abhängigkeit einer Variablen von mehreren Variablen wird aus den einzelnen Beobachtungsreihen zunächst die Momentenmatrix gebildet, und aus dieser werden dann durch Inversion die partiellen Korrelationskoeffizienten gebildet. Hier ist diese Matrixinversion bei einer größeren Anzahl von Variablen mit einem großen Rechenaufwand verbunden, den man zweckmäßigerweise einem Rechenautomaten aufbürdet. Auch die Aufstellung der Momentenmatrix ist mit einer großen Rechenarbeit verbunden und wird meist Rechenautomaten übertragen, obwohl diese Rechnungen sich auch mit einfacheren Lochkartenanlagen ausführen lassen. Hinsichtlich der Aufteilung der Rechenvorgänge auf die einzusetzenden Maschinen ergibt sich etwa folgendes Bild:

1. Lochkartenanlagen ohne elektronischen Rechenteil werden für Sortieren, Mischen und einfache Berechnungen statistischer Kennzahlen eingesetzt.

2. Elektronische Rechenautomaten benutzt man für numerische Rechnungen, die entsprechend den in der mathematischen Statistik meist verwendeten linearen Modellen den in der Ausgleichsrechnung und linearen Algebra üblichen Rechnungen ähnlich sind.

Die Anwendung von Lochkartenanlagen soll hier nicht betrachtet werden, sondern es sollen einige Beispiele gebracht werden, wie und für welche statistischen Probleme elektronische Rechenautomaten verwendet werden können. Zunächst soll jedoch ihre Funktionsweise betrachtet werden.

In elektronischen Rechenautomaten sind Zahlen in Form von Folgen elektrischer oder magnetischer Impulse verschlüsselt. Dem entspricht die fast ausschließliche Zugrundelegung des Dualsystems zur Darstellung von Zahlen oder einzelnen Dezimalziffern. Es werden nur die Ziffern 0 und 1 verwendet, der 0 kann ein ausbleibender Impuls entsprechen, der 1 ein auftretender Impuls. Die Verwendung elektrischer Impulse ermöglicht das Arbeiten mit Hochfrequenz, z. Z. etwa 100 kHZ bis 10 MHZ, woraus sich die hohe Arbeitsgeschwindigkeit elektronischer Rechenanlagen erklärt.

Charakteristisch ist jedoch nicht so sehr die hohe Arbeitsgeschwindigkeit der Rechenautomaten als vielmehr das Prinzip der Programmsteuerung, das aus ihnen außerordentlich vielseitige Maschinen macht. Es besagt, daß verschlüsselte Anweisungen in vorgeschriebener Reihenfolge abgetastet und ausgeführt werden. Diese Anweisungen, Befehle genannt, sind von einfachster Art und bestehen aus einem Operationsteil und einem Adressenteil. Der Operationsteil enthält die verschlüsselte Angabe, was der Automat zu tun hat; der Adressenteil gibt an, welche Zahlen zu verarbeiten sind. Der Begriff Adresse leitet sich von einem in einzelne Zellen unterteilten Speicher ab, die Zellen werden einzeln bezeichnet und sind unter dieser Bezeichnung (Adresse) erreichbar. Die Gesamtheit der abzuarbeitenden Befehle bildet unter Beachtung ihrer Reihenfolge das Programm für eine auszuführende Rechnung, das also eine geordnete Menge von Befehlen ist. Dieses Programm ist üblicherweise ebenfalls im Speicher der Maschine in aufeinanderfolgenden Zellen entsprechend der gewünschten Reihenfolge der Befehlsausführung untergebracht. Die Funktionsweise des Automaten läßt sich an einem Prinzipbild am besten erörtern.

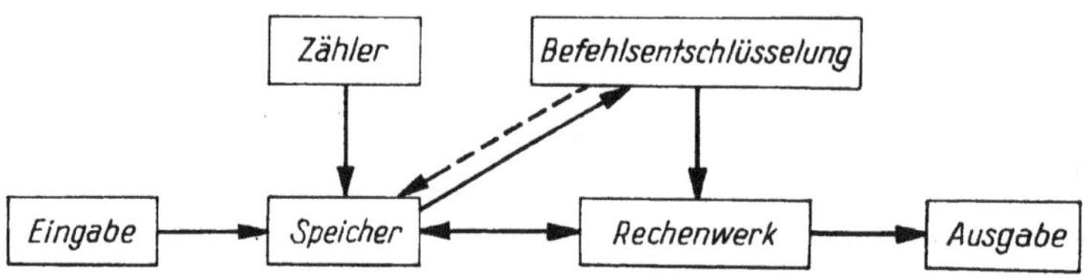


Abb. 1. Prinzipbild eines programmgesteuerten Rechenautomaten

Von einem Zähler gesteuert, werden die Befehle aus dem Speicher in eine Befehlsentschlüsselung gebracht und wirken von dort steuernd auf die anderen Elemente des Automaten. Im Rechenwerk werden dementsprechend Zahlen aus dem Speicher entnommen, verarbeitet und in den Speicher zurückgebracht. Eingabe und Ausgabe dienen der Verbindung des Automaten mit der Außenwelt.

Das Programm ist eine genaue Beschreibung des Rechenvorgangs, der in einzelne von der Maschine direkt ausführbare Elementarteile zerlegt ist, denen im Programm einzelne Befehle entsprechen. Da jede Einzelheit berücksichtigt werden muß, ist diese Darstellung meist recht langwierig und wegen der notwendigen Verschlüsselung unübersichtlich. Die Tätigkeit des Programmierens erfordert deshalb eine starke Konzentration und eine genaue Kenntnis des verwendeten numerischen Verfahrens. Oft sind für die Rechnung mit Tischrechenmaschinen benutzte Verfahren für elektronische Rechenautomaten wenig geeignet, da sie manchmal recht kompliziert sind. Ein Beispiel bildet etwa die Lösung linearer Gleichungssysteme, die mit elektronischen Rechenautomaten üblicherweise nach dem ursprünglichen Gaussschen Eliminationsverfahren mit Wahl des Pivotelementes erfolgt; rechnet man hingegen mit Tischrechenmaschinen, verwendet man meist die kompakte Form des Gaussschen Verfahrens, das Banachiewicz-Verfahren.

Ein kleines Beispiel möge erläutern, wie die Zerlegung einer Rechnung in Einzelschritte und deren Programmierung ausgeführt wird. Dazu muß jedoch bekannt sein, welche Befehle die zur Verfügung stehende Maschine verarbeiten kann und wie sie die betreffenden Befehle ausführt. Hier werde zunächst der Rechenautomat „Ural 1" kurz beschrieben, d. h., sein Befehlssystem und die Art der Zahlendarstellung sollen erläutert werden.

Der Rechenautomat „Ural 1" kann nur Zahlen $z$ aus dem Bereich $|z| < 1$ verarbeiten, das Komma steht vor der ersten Stelle der die Zahl darstellenden Ziffernfolge. Diese besteht entweder aus 17 oder aus 35 Dualstellen. Eine weitere Stelle gibt das Vorzeichen an, es müssen also entweder 18 oder 36 Dualstellen zur Darstellung einer Zahl gespeichert werden. Der Automat enthält dafür 2048 Speicherzellen für je 18 Dualstellen, die von 0 bis 2047 numeriert sind. Diese Numerierung erfolgt für Zwecke der Codierung jedoch im Oktalsystem, d. h., eine Adresse $a$ wird dargestellt durch

$$a = a_3 \cdot 8^3 + a_2 \cdot 8^2 + a_1 \cdot 8^1 + a_0 \text{ und geschrieben } A = a_3 a_2 a_1 a_0 .$$

Z. B. ist 1012 die Bezeichnung der Zelle Nr. fünfhundertundzweiundzwanzig. Da mit Adressen meist nicht gerechnet wird, ist das vorwiegend eine aus technischen Gründen gewählte Bezeichnungsart. Je zwei Zellen können zu einer Zelle mit 36 Dualstellen zusammengefaßt werden, die erste Zelle dieses Paares enthält die höherwertigen Stellen und muß eine gerade Nummer haben. Der Bezeichnung dieser Doppelzelle dient dann die um 4000 (oktal) erhöhte Bezeichnung dieser Zelle mit gerader Nummer. Werden also 1012 und 1013 zusammengefaßt, erhält die Doppelzelle die Bezeichnung 5012. Der Automat verfügt also über die Zellen mit den Bezeichnungen 0000 bis 3777 (entspricht 2047 dezimal) und muß Adressen 0000, . . . , 3777 und 4000, 4002, . . . , 7776 verarbeiten können. Die bearbeiteten Zahlen sind Dualzahlen.

Um bei der Eingabe und Ausgabe mit Dezimalzahlen hantieren zu können, können je 4 Dualstellen zu einer Tetrade zusammengefaßt werden. Eine solche Tetrade kann $2^4 = 16$ verschiedene Kombinationen von 0 und 1 enthalten, bietet also genug Raum zur Verschlüsselung einer Dezimalziffer. Entsprechend den 35 verfügbaren Dualstellen können 8 vollständige Tetraden und eine verstümmelte Tetrade, der die letzte Stelle fehlt, eingegeben werden. Der Automat kann demnach neunstellige Dezimalzahlen mit gerader letzter Dezimalstelle (0, 2, 4, 6, 8) aufnehmen und ausgeben. Alle diese Zahlen sind absolut kleiner als 1. Die Ziffer für Ziffer verschlüsselten Dezimalzahlen sind nach Eingabe in Dualzahlen umzuwandeln, ebenso sind die Dualzahlen vor der Ausgabe in solche dual verschlüsselten Dezimalzahlen umzuwandeln. Diese Umwandlungen geschehen im Rechenautomaten „Ural" mit Hilfe besonderer Programme.

Die Befehle des Automaten bestehen aus dem Operationsteil, der mit 5 Dualstellen verschlüsselt ist, und einer Adresse, die mit 12 Dualstellen verschlüsselt ist. Darüber hinaus kann ein Befehl auch ein Vorzeichen haben, besteht also insgesamt aus 18 Dualstellen, die in einer Speicherzelle untergebracht sind. Zur Codierung werden je 3 Dualstellen zusammengefaßt und statt dreier Dualziffern wird eine Oktalziffer (0, . . . , 7) notiert.

Beispiel

| Vorzeichen | Operationsteil | | Adressenteil | | | |
|---|---|---|---|---|---|---|
| dual | 010 | 010 | 000 | 100 | 011 | 001 |
| oktal | 2 | 2 | 0 | 4 | 3 | 1 |

Am Automaten selbst kann der gerade abzuarbeitende Befehl an einem Lampenfeld abgelesen werden, an dem jeder Stelle eine Glimmlampe zugeordnet ist, die genau dann leuchtet, wenn in der betreffenden Stelle eine 1 steht. Diese Glimmlampen sind mit dem Befehlsregister verbunden und zeigen dessen Inhalt an. Entsprechend werden die zu verarbeitenden Zahlen in einem Register mit 36 Stellen, dem sogenannten Akkumulator $A$ aufbewahrt und verändert. Auch dieses Register ist mit einem Lampenfeld verbunden.

Im folgenden bezeichne $a$ eine Adresse und $(a)$ die in der adressierten Speicherzelle bzw. dem adressierten Paar von Speicherzellen aufbewahrte Zahl. Dann kann der mit 01 $a$ verschlüsselte Befehl wie folgt erklärt werden: Addiere den Inhalt $(a)$ der Zelle $a$ zum Inhalt $(A)$ des Akkumulators $A$, das Resultat erscheint in $A$.

Das läßt sich formelmäßig viel kürzer ausdrücken:

| Befehlscode | Wirkung |
|---|---|
| 01 $a$ | $(A) + (a) \Rightarrow (A)$ |

$\Rightarrow$ ist das von Zuse eingeführte Ergibtzeichen, das ausdrückt, daß der Wert des links stehenden Ausdrucks der rechts stehenden Variablen zu erteilen ist. Man könnte also dieses Zeichen auch Bewertungszeichen nennen. Verwendet man noch einen symbolischen Code, lassen sich die Befehlsbedeutungen leicht merken.

| symbolischer Code | numerischer Code | Wirkung |
|---|---|---|
| $A + a$ | 01 $a$ | $(A) + (a) \Rightarrow (A)$ |
| $A \leftarrow a$ | 02 $a$ | $(a) \Rightarrow (A)$ |
| $A - a$ | 03 $a$ | $(A) - (a) \Rightarrow (A)$ |
| $A \vert - \vert a$ | 04 $a$ | $\vert(A)\vert - \vert(a)\vert \Rightarrow (A)$ |
| $A \times a$ | 06 $a$ | $(A) \times (a) \Rightarrow (A)$ |

usw.

Rechnungen mit Automaten sind nur rationell, wenn die ganze Rechnung wiederholt oder wenn Teile der Rechnung sehr häufig ausgeführt werden müssen. Dazu dient der bedingte Sprungbefehl, der es erlaubt, den die Rechnung steuernden Zähler $Z$ auf einen anzugebenden Wert einzustellen, wenn eine bestimmte Bedingung erfüllt ist. Für den Automaten „Ural" kann der bedingte Sprungbefehl im wesentlichen wie folgt beschrieben werden:

| symbolischer Code | numerischer Code | Wirkung |
|---|---|---|
| Sb $a$ | 21 $a$ | wenn $(A) \leqq 0$, $a \Rightarrow (Z)$; sonst wirkungslos |

Üblicherweise wird der Inhalt des Zählers $Z$ vor Ausführung eines Befehls um 1 erhöht, so daß die Befehle in der Reihenfolge, in der sie in aufeinanderfolgenden Speicherzellen gespeichert sind, abgetastet werden. Durch einen Sprungbefehl kann diese Reihenfolge unterbrochen werden, insbesondere kann ein Rechengang wiederholt werden.

Als Beispiel werde die Berechnung eines Momentes betrachtet. In aufeinanderfolgenden Speicherzellen, die mit „$x_i$" bezeichnet werden, seien $n$ Zahlen $x_i$ $(i = 1, \ldots, n)$ gespeichert und in weiteren $n$ Zellen — mit „$y_i$" bezeichnet — Zahlen $y_i$ $(i = 1, \ldots, n)$. Gesucht ist $m_{xy} = \sum_{i=1}^{n} x_i\, y_i$.

Es muß zunächst das Rechenverfahren überlegt werden. Ganz unzweckmäßig wäre es, $n$-mal eine Multiplikation und Addition aufzuschreiben, da dann das Programm nur für ein bestimmtes festes $n$ anwendbar ist. Für jede Berechnung mit anderem $n$ ist dann ein neues Programm aufzustellen, die Programmierung dauert dann außerdem etwa ebenso lange wie die Ausführung der Rechnung mit einer Tischrechenmaschine.

Die Rechnung verläuft ja im Prinzip so, daß ein Produkt gebildet wird und zu einer bisher aufgelaufenen Teilsumme addiert wird. Wenn die Möglichkeit geschaffen wird, die in einem Befehl enthaltene Adresse automatisch zu ändern, können diese und ähnliche Rechnungen in allgemeiner Form programmiert werden. Das Prinzip der Adressenänderung geht auf J. v. NEUMANN zurück. Im „Ural 1" existiert dafür ein besonderer Befehl:

| symbolischer Code | numerischer Code | Wirkung |
|---|---|---|
| NB + $a$ | 30 $a$ | Addiere ($a$) zum nächsten auszuführenden Befehl vor dessen Ausführung |

Beispiel: Die Befehlsfolge

30 1000

02 0542

wird unter der Voraussetzung, daß (1000) = 00 0004 ist, wie 02 0546 ausgeführt. Wird nun (1000) auf 00 0005 geändert, so wird, wenn die betreffende Befehlsfolge wieder an die Reihe kommt, 02 0547 ausgeführt usw. Die gleiche Befehlsfolge kann also je nach dem Inhalt der zur Adressenänderung verwendeten Speicherzelle auf verschiedene Weisen interpretiert werden.

Bezeichnen wir nun mit „$i$" eine Speicherzelle, in der $i$ gespeichert ist, kann das Programm für die betreffende Rechnung ziemlich einfach formuliert werden:

(1) NB + „$i$"
$A$ ← „$x_1$" − 1
NB + „$i$"
$A \times$ „$y_1$" − 1
$A$ + „$S$"
$A$ → „$S$"
$A$ ← „$i$"
$A$ + „1"
$A$ → „$i$"
$A$ − „$n$"
Sb (1)
Stop

„$S$" sei die Speicherzelle, in der die aufgelaufene Teilsumme — zu Beginn 0 — gespeichert ist. In „1" ist die Adresseneinheit gespeichert, in „$n$" sind $n$ Adresseneinheiten gespeichert

$A \to a$ ist symbolische Verschlüsselung für einen Befehl mit der Wirkung

$(A) \Rightarrow (a)$, numerischer Code ist $16a$.

(1) ist die Nummer der Speicherzelle, in der der erste Befehl des Programms gespeichert ist.

Stop ist ein die Maschine anhaltender Befehl.

Die Zählung der Durchläufe durch das Programm erfolgt in der Speicherzelle „$i$". Nach $n$ Durchläufen wird $i - n$ positiv, und der bedingte Sprungbefehl wird als wirkungslos übergangen. Damit hält die Maschine an.

Um das eigentliche einzugebende Programm (Maschinenprogramm) herzustellen, sind die Adressen wirklich festzulegen. Man bezeichnet das als Speicherverteilung. Wird z. B.

„$x_1$" = 101; „$y_1$" = 501; „$i$" = 77; „$n$" = 76; „$S$" = 75; „1" = 74,

so kann das Programm etwa ab Speicherzelle Nr. 20 gespeichert werden.

| Speicherzelle Nr. | numerischer Code | |
|---|---|---|
| (1) 20 | 30 0077 | |
| 21 | 02 0100 | |
| 22 | 30 0077 | |
| 23 | 06 0500 | |
| 24 | 01 0075 | |
| 25 | 16 0075 | |
| 26 | 02 0077 | |
| 27 | 01 0074 | |
| 30 | 16 0077 | |
| 31 | 03 0076 | |
| 32 | 21 0020 | |
| 33 | 37 0000 | (37 ist Code des Operationsteils des Stopbefehls, Adressenteil ist beliebig.) |

Ist das Programm in dieser Form in die Maschine eingegeben und stehen die zu verarbeitenden Zahlen in den gewünschten Zellen, kann die Rechnung beginnen.

Dieses Beispiel konnte nur einen kleinen Einblick in die bei der Programmierung auftretenden Probleme geben, vieles wurde hierbei nicht berücksichtigt, z. B. darf der Zahlenbereich $|z| < 1$ nicht überschritten werden, damit die Maschine nicht stehenbleibt, Kontrollen für die Rechnung müssen eingebaut werden, Ein- und Ausgabe sind zu regeln usw.

Zwei Problemklassen führen in der statistischen Praxis häufig zu umfangreichen Rechnungen, es sind das die Korrelations- und Regressionsrechnung und die Methoden zur Beurteilung von Hypothesen, etwa die Varianzanalyse. Es sind dabei große Mengen von Zahlen zu verarbeiten, und es ist interessant, zu untersuchen, wann der Einsatz von Rechenautomaten zur Bearbeitung solcher Rechnungen lohnend ist. Wenn das nicht zutrifft, so erhebt sich die Frage, wie dann vorzugehen ist und ob eventuell Verbesserungen an den Methoden oder auch an den Maschinen vorzunehmen sind, die die Verarbeitung des Zahlenmaterials weiter erleichtern.

Anhand des Beispiels der Berechnung der in der Korrelations- und Regressionsrechnung benötigten Momentenmatrix sollen die bei der Bearbeitung eines solchen Problems zu beachtenden Punkte erörtert werden. Die zu verwendende Maschine sei wieder der Automat „Ural 1".

Gegeben seien $g$ Reihen von Variablen $Z_r$ $(r = 1, \ldots, g)$. In jeder Variablenreihe liegen $n$ Meßwerte $Z_{1r}, \ldots, Z_{nr}$ vor. Zu bilden sind die Momente

$$m_{rl} = \sum_{i=1}^{n} Z_{ir} Z_{il} - \frac{1}{n} \sum_{i=1}^{n} Z_{ir} \cdot \sum_{i=1}^{n} Z_{il} \quad \text{für} \quad r = 1, \ldots, g; \; l = r, \ldots, g .$$

Für den Automaten „Ural 1" ist vorauszusetzen, daß $|Z_{ir}| < 1$ für alle $i$ und $r$ gilt. Ist das nicht der Fall, ist die $r$-te Variablenreihe mit einer Konstanten $c_r$ zu multiplizieren, statt $m_{rl}$ wird dann $c_r c_l m_{rl}$ berechnet. Allerdings kann auch dann noch ein Überlauf des Zahlenbereiches eintreten. Das ist aber sicher nicht mehr der Fall, wenn der $n$-te Teil der Momente berechnet wird. Zugrunde gelegt wird also mit $x_{ir} = c_r Z_{ir}$ die Formel

$$\mu_{rl} = \frac{1}{n} c_r c_l m_{rl} = \sum_{i=1}^{n} \frac{x_{ir} x_{il}}{n} - \sum_{i=1}^{n} \frac{x_{ir}}{n} \cdot \sum_{i=1}^{n} \frac{x_{il}}{n} .$$

Bei Berechnung der Momente nach dieser Formel folgt aus

$$|x_{ir}| < 1 \text{ auch } |\mu_{rl}| < 1 .$$

Sehr wesentlich ist nun, daß die durchgeführten Rechnungen möglichst vollständig kontrolliert werden. Ehe darauf eingegangen wird, sei noch eine für die Programmierung zweckmäßige Umformung angegeben:

$$y_{ir} = \frac{1}{\sqrt{n}} x_{ir} \qquad \mu_{rl} = \sum_{i=1}^{n} y_{ir} y_{il} - m_r m_l ,$$

wobei

$$m_r = \sum_{i=1}^{n} \frac{x_{ir}}{n} = \sum_{i=1}^{n} \frac{y_{ir}}{\sqrt{n}} .$$

Damit bietet sich schon eine Kontrollmöglichkeit an: $m_r$ wird einmal in der Form $m_r = \sum \frac{1}{n} x_{ir}$ berechnet, anschließend werden die $y_{ir}$ gebildet und anstelle der $x_{ir}$ gespeichert, danach werden die Ausdrücke $m_r' = \sum \frac{1}{\sqrt{n}} y_{ir}$ gebildet und mit den $m_r$ verglichen. Nur bei Übereinstimmung wird weiter gerechnet.

Zur Kontrolle der Berechnung der Produktsummen $p_{rl} = \sum_{i=1}^{n} y_{ir} y_{il}$ $(l \geqq r)$ kann so vorgegangen werden, daß Summen $\sigma_{ir} = \frac{1}{g} \sum_{l=r}^{g} y_{il}$ gebildet werden. Es gilt dann $\frac{1}{g} \sum_{l=r}^{g} p_{rl} = \sum_{i=1}^{n} y_{ir} \sigma_{ir}$ als Kontrollbeziehung. Begonnen wird mit $r = g$, d. h. $\sigma_{ig} = \frac{1}{g} y_{ig}$ $(i = 1, \ldots, n)$. Die weiteren $\sigma_{ir}$ werden rekursiv berechnet: $\sigma_{ir} = \sigma_{i,r+1} + \frac{1}{g} y_{ir}$. Für jedes $r$ werden erst alle $p_{rl}$ berechnet, und dann wird $r$ um 1 verkleinert. Zuletzt werden die $p_{1l}$ berechnet. Abschließend werden aus den so berechneten und kontrollierten $p_{rl}$ die $\mu_{rl}$ berechnet und ausgedruckt.

$$\mu_{rl} = p_{rl} - m_r m_l \quad (l \geqq r) \qquad \text{für } r = g,\ g-1, \ldots, 1; \ (r \text{ ist bei laufendem } l \text{ konstant}).$$

Zur Kontrolle kann benutzt werden:

$$\tau_r = \frac{1}{g} \sum_{l=r}^{g} m_l , \qquad \frac{1}{g} \sum_{l=r}^{g} \mu_{rl} = \frac{1}{g} \sum_{l=r}^{g} p_{rl} - m_r \cdot \tau_r .$$

Damit sind auch die erhaltenen $\mu_{rl}$ kontrolliert und können ausgedruckt werden. Zur Kontrolle der ausgedruckten Zahlen kann man nun noch deren Summe im Automaten bilden und ebenfalls ausdrucken lassen. Damit kein Überlauf des Zahlenbereiches erfolgt, ist am besten 1/1000 der Summe zu berechnen. Mit einer Tischrechenmaschine kann diese Summe leicht nachgerechnet und verglichen werden.

Als Kontrollprinzip kann festgehalten werden: Ist es nicht möglich, die erhaltenen Resultate anhand der ursprünglichen Ausgangszahlen zu prüfen, so ist möglichst jedes Zwischenresultat zu prüfen und erst nach positivem Ausfall der Prüfung weiterzuverwenden. Die Wahrscheinlichkeit dafür, daß ein Fehler unbemerkt bleibt, sinkt dadurch so stark ab, daß sie praktisch vernachlässigt werden kann.

Ist der Rechengang prinzipiell festgelegt, erhebt sich die Frage der Speicherverteilung. Gespeichert werden müssen Programme, Konstante, Zwischenresultate, zu verarbeitende Zahlen und Resultate. An Resultaten treten auf:

$$\left.\begin{array}{l} g \text{ Mittelwerte} \quad \frac{g\,(g+1)}{2} \text{ Momente 2. Ordnung} \end{array}\right\} \quad \frac{g\,(g+3)}{2} \text{ Resultate.}$$

Zu verarbeiten sind $g \cdot n$ Ausgangszahlen. Ist $S$ die nach Abzug des für Programm, Konstante und Zwischenresultate nötigen Speicherraums verbleibende Anzahl verfügbarer Speicherzellen, so folgt

$$g\left(n + \frac{g+3}{2}\right) \leqq S , \qquad n \leqq \frac{S}{g} - \frac{g+3}{2} .$$

Im „Ural 1“ gilt $S \approx 700$ bei diesem Problem. Damit folgt z. B. für $g = 20$, daß $n \leqq 35 - 11{,}5 = 23{,}5$. Es können also höchstens 20 Gruppen zu je 23 Meßwerten verarbeitet werden.

Ist $n$ größer, so muß der Rechengang geändert werden. Man muß dann entweder einen Außenspeicher (Magnetbandspeicher) benutzen oder versuchen, die Zahlen gruppenweise zu verarbeiten. Hier ist das sehr einfach möglich, wenn das Zahlenmaterial so eingeteilt wird, daß es in Stücken von $g$ Gruppen zu je $n_k$ Meßwerten eingegeben wird. $n_k$ ist dabei so zu wählen, daß der verfügbare Speicherraum ausreicht. Werden insgesamt $T$ Teile genommen, gilt $\sum_{k=1}^{T} n_k = n$. Die einzelnen Teilgruppen können nacheinander eingegeben und zur Rechnung benutzt werden, da sich die Gesamtmomente additiv aus den Teilmomenten zusammensetzen. Es werden also jeweils Teilmomente berechnet und diese Teilmomente zu den bisher aufgelaufenen Summen addiert. Ist etwa $g = 8$ und $n = 170$, so wird zunächst eine obere Schranke für die $n_k$ bestimmt:

$$n_k \leqq \frac{S}{g} - \frac{g+3}{2} \approx 62 \, .$$

Hieraus folgt, daß das Zahlenmaterial in 3 Teile mit den Umfängen $n_1 = 60$, $n_2 = 60$, $n_3 = 50$ zu je 8 Gruppen eingeteilt werden kann, wenn $S \approx 700$.

Interessant ist noch die Rechenzeit bei solch einem Beispiel. Es sind 8 Mittelwerte und 36 Momente zu berechnen. Hierfür sind bei einer Rechnung mit Tischrechenmaschinen 1360 Additionen zur Mittelwertbildung, $36 \cdot 170 = 6120$ Multiplikationen und Additionen zur Momentenbildung auszuführen. Bei geschickter Organisation und Ausnutzung von Maschineneigenschaften kann z. B. die Mittelwertbildung nebenbei erledigt werden, aber die Anzahl der auszuführenden Multiplikationen führt zu einer Rechenzeit von etwa 3 Tagen für einen Laboranten (Rechner). Kann man 10 Rechner an das Problem setzen, ist es in 2—3 Stunden erledigt. Mit dem Rechenautomaten „Ural“ braucht man für einen Teil etwa 3 Minuten zur eigentlichen Rechnung. Die gesamte Rechnung wird demnach etwa 10 Minuten in Anspruch nehmen, zu dieser Zeit kommt jedoch noch die etwa ebenso große Zeit für Ein- und Ausgabe.

Je größer die Anzahl der Variablen ist, um so rentabler wird der Einsatz von Rechenautomaten. Die Rechenzeit steigt etwa wie $g^2$, die für die Eingabe gebrauchte Zeit ist dagegen dem Produkt $n \cdot g$ proportional. Da für statistische Probleme meist viele Zahlen zu verarbeiten sind, ist es wesentlich, Rechenautomaten hoher Eingabegeschwindigkeit zur Verfügung zu haben. Der Rechenautomat „Ural 1“ kann diese Forderung nach Einbau der fest verdrahteten Umwandlung mit etwa 30 Zahlen je Sekunde, die eingegeben und umgewandelt werden, erfüllen. Sehr wesentlich ist natürlich auch noch die Arbeit, die zur Herstellung des Eingabemediums (beim „Ural“ Lochstreifen) und zu deren Prüfung aufzuwenden ist.

Abschließend sei noch eine Bemerkung zu den einfachsten Aufbereitungsaufgaben für statistische Daten — Sortieren und Mischen — gemacht. Wenn auch diese Arbeiten hauptsächlich von speziellen Lochkartenanlagen ausgeführt werden, zeichnen sich doch Möglichkeiten ab, hierfür elektronische Rechenautomaten wirkungsvoll einzusetzen, also etwa im Speicher zu sortieren. Dazu kann eine spezielle „Listenstruktur“ benutzt werden, die im inneren Speicher der Maschine eine von der natürlichen Reihenfolge verschiedene Reihenfolge der Speicherzellen auszeichnet. Dazu wird in einer Speicherzelle direkt angegeben, in welcher Speicherzelle die nächste Information der Liste aufzufinden ist. Es ist dann zum Sortieren einer Menge von Daten nicht nötig, Umspeicherungen vorzunehmen, sondern es sind nur die Nachfolgeadressen entsprechend einzutragen.

Ein einfaches Beispiel möge ein damit mögliches Sortierverfahren erläutern: Die Daten mit den zugehörigen Sortiermerkmalen stehen zu Anfang in den Zellen Nr. 100 ff., die Nachfolgeadressen werden bei der Rechnung eingetragen. Es seien 4 Sortiermerkmale 1 bis 4 vorgesehen. In Zellen $a_1$ bis $a_4$ werden nacheinander die Adressen eingetragen, in denen das entsprechende

Sortiermerkmal aufgefunden wird. In diese Zellen wird die bisher in dem betreffenden $a_i$ stehende Adresse als Nachfolgeadresse eingetragen. Am Anfang stehen in den $a_i$ Schlußzeichen $Q$.

| Speicherverteilung | | | Inhalt der $a_i$ | | | |
|---|---|---|---|---|---|---|
| Zelle Nr. | Merkmal | Nachfolge-adresse | $a_1$ | $a_2$ | $a_3$ | $a_4$ |
| 100 | 4 | $Q$ | ($Q$) | ($Q$) | ($Q$) | ($Q$) |
| 101 | 2 | $Q$ | (102) | (101) | (103) | (100) |
| 102 | 1 | $Q$ | 106 | (105) | | (104) |
| 103 | 3 | $Q$ | | 107 | | 108 |
| 104 | 4 | 100 | | | | |
| 105 | 2 | 101 | | | | |
| 106 | 1 | 102 | | | | |
| 107 | 2 | 105 | | | | |
| 108 | 4 | 104 | | | | |

(Die alten Speicherinhalte sind in Klammern gesetzt.)

Soll jetzt die Liste mit dem Merkmal 2 bearbeitet werden, wird 107 als Anfangsadresse in $a_2$ gefunden. In 107 steht 105 als Nachfolgeadresse, in 105 steht 101, in 101 steht $Q$. Demnach steht das Merkmal 2 in den Zellen Nr. 107, 105 und 101.

Hier konnten nur wenige Beispiele für die Nützlichkeit elektronischer Rechenautomaten für die mathematische Statistik gebracht werden. Es ist zu erwarten, daß mit der Weiterentwicklung der Rechenautomaten und durch Verwendung der diesem Hilfsmittel angepaßten Methoden diese Automaten eine in Zukunft noch größere Bedeutung auch für die Statistik erlangen. So können etwa Modellierungen statistischer Vorgänge z. B. bei Verkehrsproblemen mit Rechenautomaten erfolgen. Auch theoretische Ergebnisse werden sich oft mit Hilfe von Rechenanlagen leichter verifizieren lassen als ohne dieses Hilfsmittel, und andererseits können experimentelle Ergebnisse auf theoretische Untersuchungen einwirken.

# Gruppierte Sequenzteste zur Prüfung des Mittelwertes einer 0—1 verteilten Zufallsvariablen

von P. Bernstein

Deutsche Akademie der Wissenschaften zu Berlin,
Institut für Angewandte Mathematik und Mechanik

Mit Hilfe der Matrizenrechnung kann man durch Verallgemeinerung einer Methode von Johns [2] die Operationscharakteristik und die durchschnittliche Stichprobenzahl eines gruppierten Sequenztestes herleiten. Teste dieser Art finden Verwendung bei der Qualitätskontrolle von Massenerzeugnissen, wobei die Testkosten durch geeignete Gruppierung häufig kleiner werden, als die eines ungruppierten Sequenztestes.

Vorgegeben sei eine genügend große Grundmenge, deren Elemente in 2 Klassen, „gute" und „schlechte", zerfallen (0—1 Verteilung). Wir ziehen nacheinander einzelne, zufällig ausgewählte Elemente aus dieser Menge, solange folgende Beziehung gilt:

$$n s - h_1 < d < n s + h_2, \quad n = 0, 1, 2, \ldots . \tag{1}$$

Hier bedeutet $n$ die Anzahl der gezogenen Elemente, $d$ die Anzahl der schlechten unter ihnen und $h_1$, $h_2$ und $s$ sind positive reelle Parameter. Wird eine der Ungleichungen verletzt, so beenden wir den Prozeß mit der Annahme ($d \leqq n s - h_1$) oder Ablehnung ($d \geqq n s + h_2$) der Grundmenge.

Der Prozeß läßt sich in einem $(n, d)$-Koordinatensystem durch einen Irrweg veranschaulichen.

Ist $p$ der Prozentsatz der schlechten Elemente unserer Menge, so bezeichnet man mit $L(p)$ die Annahmewahrscheinlichkeit des Prozesses und mit $E_p(n)$ die durchschnittliche Stichprobengröße. Jeder Prozeß dieser Art entspricht, wie man zeigen kann, einem Waldschen Quotiententest zum Testen einer Hypothese $p = p_\alpha$ gegen eine Hypothese $p = p_\beta$ mit Sicherheitswahrscheinlichkeiten $\alpha$ und $\beta$.

Um die Prüfkosten so eines Prozesses zu verringern, kann es vorteilhaft sein, die Prüfung in Gruppen vorzunehmen.

Der Prozeß (1) bekommt jetzt die Form

$$r u s - h_1 < d < r u s + h_2, \quad r = 0, 1, 2, \ldots .$$

Dabei ist $r$ die Anzahl der gezogenen Gruppen und $u$ die Anzahl der Elemente in einer Gruppe.

Definieren wir mit $\mathfrak{A}(n)$ die größte ganze Zahl kleiner oder gleich $(r - 1) u s - h_1$, wo $(r - 1) u < n \leqq r u$, und mit $\mathfrak{r}(n)$ die kleinste ganze Zahl größer oder gleich $r u s + h_2$, wo $(r - 1) u < n \leqq r u$ ist, so muß offensichtlich bei irgendeiner Zerlegung jeder Gruppe in Einzelelemente der dazugehörige Irrweg zwischen $\mathfrak{A}(n,)$ und $\mathfrak{r}(n)$ verlaufen, soll er irgendwann zur Annahme der Grundmenge führen. Wir definieren noch

$$d_j^{(n)} = \mathfrak{A}(n) + j, \quad j = 1, 2, \ldots, k, \quad (r - 1) u < n \leqq r u,$$

wo $k$ die Maximalzahl der zwischen $\mathfrak{A}(n)$ und $\mathfrak{r}(n)$ auftretenden Gitterpunkte für beliebiges festes $n$ sei.

Weiterhin definieren wir einen Vektor $P(n)$, und es sei die Komponente $P_j(n)$ ($j = 1, 2, \ldots, k$) die Wahrscheinlichkeit, daß ein mit Hilfe von Prozeß (1) erzeugter Irrweg den Punkt $(n, d_j^{(n)})$ erreicht.

Offensichtlich ist

$$P_j(0) = \begin{cases} 1, & j = -\mathfrak{A}(0)\,, \\ 0 & \text{sonst,} \end{cases}$$

da der Irrweg mit Wahrscheinlichkeit 1 im Ursprung beginnt. Die Vektoren $P(n)$ lassen sich nun successive berechnen nach der Formel

$$P\,(n+1) = \begin{cases} A_{k_r} \cdot P(n)\,, & (r-1)\,u < n < r\,u\,, \\ B_{k_r} \cdot P(n)\,, & n = r\,u\,. \end{cases}$$

Dabei sind $A$ und $B$ Matrizen der Ordnung $k \times k$ mit $p$, $q$ oder 0 als Elemente und sehen wie folgt aus:

$$a_{ij} = \left\{\begin{matrix} q, & j = i \\ p, & j = i - 1 \\ 0 & \text{sonst} \end{matrix}\right\} \qquad i, j = 1, 2, \ldots, k_r\,,$$

$$b_{ij} = \left\{\begin{matrix} q, & j = \nu_r + i \\ p, & j = \nu_r + i - 1 \\ 0 & \text{sonst} \end{matrix}\right\} \qquad i, j = 1, 2, \ldots, k_r\,.$$

Dabei ist $k_r$ die Anzahl der Gitterpunkte zwischen $\mathfrak{A}(n)$ und $\mathfrak{r}(n)$ nach Ziehung der $r$-ten Gruppe und $\nu_r$ die Anzahl der Punkte, die davon zur Annahme führt. $k_r$ nimmt nur die Werte $k$ oder $k-1$ und $\nu_r$ nur die Werte $\nu$ und $\nu - 1$ $(\nu = \max_r (\nu_r))$ an.

Ist $1/s$ rational, so bestehen die Folgen $\{k_r\}$ und $\{\nu_r\}$ aus Perioden, sagen wir der Länge $\pi$. Diese Periode ist bei jedem vorgelegten Test leicht zu berechnen und hängt von $u$, $1/s$, $h_1$, $h_2$ ab. Demzufolge tritt bei der successiven Darstellung der Vektoren $P(n)$ mit Hilfe der Matrizen $A_{k_r}$ und $B_{k_r}$ das Matrizenprodukt

$$M = A_{k_\pi}^{u-1} \cdot B_{k_{\pi-1}} \cdot A_{k_{\pi-1}}^{u-1} \cdot B_{k_{\pi-2}} \cdot \cdots \cdot A_{k_1}^{u-1} \cdot B_{k_0}$$

periodisch auf. Also gilt

$$\sum_{r=1}^{\infty} P(r \cdot u) = (A_{k_1}^{u-1} \cdot B_{k_0} + A_{k_2}^{u-1} \cdot B_{k_1} \cdot A_{k_1}^{u-1} \cdot B_{k_0} + \cdots + A_{k_\pi}^{u-1} \cdot B_{k_{\pi-1}} \cdot \cdots \cdot A_{k_1}^{u-1} \cdot B_{k_0}) \\ \times (\mathfrak{E} + M + M^2 + \cdots) \cdot P(0)\,.$$

Setzen wir diese unendliche Summe von Vektoren gleich einem Vektor $V$ und führen noch ein $\prod_{\nu=1}^{R} A_{k_\nu}^{u-1} \cdot B_{k_{\nu-1}} = M_R$, so ergibt sich

$$V = \sum_{R=1}^{\pi} M_R \cdot (\mathfrak{E} - M)^{-1} \cdot P(0)\,.$$

Mit Hilfe des so definierten Vektors $V$ können wir nun $L(p)$ und $E_p(n)$ darstellen:

$$L(p) = \sum_{r=1}^{\infty} \sum_{j=1}^{\nu_r} P_j\,(r \cdot u) = \sum_{r=1}^{\infty} \sum_{j=1}^{\nu-1} P_j\,(r \cdot u) + \sum_{\substack{r=1 \\ (\nu_r = \nu)}}^{\infty} P_\nu\,(r \cdot u)\,,$$

$$E_p(n) = \sum r \left\{ \sum_{j=\nu_{r-1}+1}^{k} P_j\,((r-1)\,u) - \sum_{j=\nu_r+1}^{k} P_j\,(r \cdot u) \right\} = 1 + \sum_{r=1}^{\infty} \sum_{j=\nu_r+1}^{k} P_j\,(r\,u)\,.$$

Setzen wir

$$\sum_{\substack{r=1 \\ (\nu_r=\nu)}}^{\infty} P\,(r\,u) = \sum_{\substack{R=1 \\ (\nu_R=\nu)}}^{\pi} M_R\,(\mathfrak{E} - M)^{-1} \cdot P(0)$$

gleich einem Vektor $V^*$, so ergibt sich

$$L(p) = \sum_{j=1}^{\nu-1} V_j + V_\nu^* ,$$

$$E_p(n) = \sum_{j=\nu}^{k} V_j - V_\nu^* + 1 .$$

Mit dieser Methode ist offensichtlich $L(p)$ und $E_p(n)$ auch für jeden abgeschlossenen gruppierten Test dieser Art berechenbar, bei dem $r \leqq \bar{r}$ vorgeschrieben ist. Für $u = \text{const}$ und $1/s$ rational erhält man Formeln analog den obigen, nur bricht in der Darstellung von $V$ die Reihe $\sum_K M^K$ ab.

In der Praxis tritt häufig das Problem auf, einen multiplen Test mit einer größeren Anzahl von Gruppen zu konstruieren, der vorgegebene Eigenschaften hat, das heißt Parameter $k_1$, $k_2$ und $s$ bei vorgegebenen $u$ und $\bar{r}$ so zu finden, daß die Operationscharakteristik durch zwei vorgegebene Punkte $(p_\alpha, 1 - \alpha)$, $(p_\beta, \beta)$ geht.

In einfachen Fällen ($k$ und $\pi$ nicht zu groß) errechnet man die Parameter $h_1$, $h_2$ und $s$ aus den Parametern $p_\alpha$, $p_\beta$, $\alpha$ und $\beta$ nach den Näherungsformeln von WALD für einen ungruppierten Sequenztest und verbessert die erhaltenen Werte durch geeignete kleine Korrekturen (etwa mit Hilfe linearer Interpolation) solange, bis $L(p_\alpha) \approx 1 - \alpha$ und $L(p_\beta) \approx \beta$ für den gruppierten und abgeschlossenen Test gilt. Dabei kann man obige Formel für die OC benutzen, in schwierigen Fällen wird man versuchen den Prozeß mit Hilfe eines Rechenautomaten zu simulieren und so die successiven Näherungen für die Operationscharakteristik $L(p)$ und die durchschnittliche Stichprobengröße $E_p(n)$ zu erlangen. Eine systematische Tabellierung der so erhaltenen Ergebnisse wäre zweckmäßig.

## Literatur


[1] BARTKY, W., Multiple Sampling with Constant Probability. Ann. Math. Statistics **14** (1943) 363—377.

[2] JOHNS, H. L., Fornmlas for Group Sequential Sampling of Attributs. Ann. Math. Statistics **23** (1952) 72—87.

# Über optimale Verfahren der Diskriminanzanalyse

von O. Bunke

Deutsche Akademie der Wissenschaften zu Berlin,
Institut für Angewandte Mathematik und Mechanik

## 1. Diskriminanzanalyse und Entscheidungstheorie

Eines der Hauptprobleme der Diskriminanzanalyse kann folgendermaßen formuliert werden: Aus einer bestimmten Menge von Individuen, die einer von $r$ Klassen $K_\varrho$ angehören können, wird ein Individuum betrachtet und $n$ Merkmale durch Werte $x_\nu$ charakterisiert. Die Merkmalsvektoren $\mathfrak{x} = (x_1, \ldots, x_n)$ von Individuen einer Klasse $K_\varrho$ sind in bestimmter Weise verteilt, d. h., die Klasse $K_\varrho$ ist durch eine Wahrscheinlichkeitsdichte (bzw. eine Wahrscheinlichkeitsfunktion bei diskreten Merkmalen) $p_\varrho(\mathfrak{x})$ charakterisiert. Auf Grund des Merkmalsvektors $\mathfrak{x}$ soll das betrachtete Individuum in eine der Klassen $K_\varrho$ klassifiziert werden.

Formal ist dadurch ein Entscheidungsproblem gestellt. Deshalb ist es möglich, mit Methoden der Theorie statistischer Entscheidungsfunktionen optimale Klassifikationsverfahren und ihre Eigenschaften zu untersuchen.

Ein Klassifikationsverfahren, das etwa mit $\delta$ bezeichnet sei, ist durch eine Zerlegung $R^n = \sum_\varrho G_\varrho$ definiert, wobei man sich für die Klasse $K_\varrho$ entscheidet, falls $\mathfrak{x} \in G_\varrho$. Allgemeiner können auch zufällige Entscheidungen zugelassen werden (vgl. 8). Die Güte eines Klassifikationsverfahrens $\delta$ ist durch die Irrtumswahrscheinlichkeiten $\alpha_\varrho(\delta) = 1 - \int_{G_\varrho} p_\varrho(\mathfrak{x})\, d\mathfrak{x}$ charakterisiert. Um Verfahren zu vergleichen ist es günstig, eine gewogene Summe der Irrtumswahrscheinlichkeiten zu bilden:

$$r(\xi, \delta) = \sum_\varrho \xi_\varrho\, \alpha_\varrho(\delta) \qquad (\xi_\varrho \geqq 0\,,\ \sum_\varrho \xi_\varrho = 1)\,.$$

Die mittlere Irrtumswahrscheinlichkeit $r(\xi, \delta)$ sei Risiko genannt. Das Risiko hängt vom Vektor $\xi = (\xi_1, \ldots, \xi_r)$ ab, der etwa das Mischungsverhältnis angibt, in dem Individuen der verschiedenen Klassen in der betrachteten Menge von Individuen vorkommen, wobei auch die ökonomische oder sonstige Bedeutung der verschiedenen Irrtumswahrscheinlichkeiten durch Multiplikation mit geeigneten Faktoren berücksichtigt werden kann. Im folgenden sei $\xi$ einfach das Mischungsverhältnis der Klassen.

Ist $\xi$ bekannt, dann ist ein Klassifikationsverfahren $\delta_\xi$ das beste, falls $r(\xi, \delta_\xi) \leqq r(\xi, \delta)$ für alle Klassifikationsverfahren $\delta$ gilt. Solch ein Verfahren wird ein Bayessches Verfahren genannt. Oft ist das Mischungsverhältnis nicht bekannt, und die Verfahren können in der obigen Form nicht verglichen werden. Nach dem Minimax-Prinzip kann aber ein Verfahren $\delta_0$ als das beste angesehen werden, falls die ungünstigste der Irrtumswahrscheinlichkeiten $\alpha_\varrho$ minimal ist:

$$\sup_\varrho \alpha_\varrho(\delta_0) \leqq \sup_\varrho \alpha_\varrho(\delta) \qquad (\text{für alle } \delta)\,.$$

Solch ein Verfahren wird Minimax-Verfahren genannt und eine äquivalente Definition ist:

$$\sup_\xi r(\xi, \delta_0) \leqq \sup_\xi r(\xi, \delta) \quad (\text{für alle } \delta)\,.$$

Der allgemeine Fall einer unvollständigen Information über das Mischungsverhältnis liegt dann vor, wenn über $\xi$ bekannt ist, daß es in einem Intervall $Q = \{\xi : a_\varrho \leqq \xi_\varrho \leqq b_\varrho;\ \varrho = 1, \ldots, r\}$

liegt. Den obigen Optimalitätsdefinitionen entsprechend, wird man ein Verfahren $\delta_Q$ als das beste ansehen, falls

$$\sup_{\xi \in Q} r(\xi, \delta_Q) \leqq \sup_{\xi \in Q} r(\xi, \delta) \quad \text{(für alle } \delta) \ .$$

Solch ein Verfahren sei $Q$-optimal genannt [1].

Es ist eine bekannte Tatsache, daß man sich bei einem BAYESchen Verfahren bezüglich eines Mischungsverhältnisses $\xi$ für $K_\varrho$ entscheiden muß, falls [2]:

$$L_{\varrho\tau}(\mathfrak{x}) = \ln\left(\frac{p_\varrho(\mathfrak{x})}{p_\tau(\mathfrak{x})}\right) > \ln\left(\frac{\xi_\tau}{\xi_\varrho}\right) \qquad \text{(für alle } \tau \neq \varrho) \ . \tag{1}$$

## 2. Klassifikation in zwei normalverteilte Klassen

Es sei das Klassifikationsproblem mit zwei normalverteilten Klassen $K_1$ und $K_2$ mit Erwartungsvektor $\mu^1$ bzw. $\mu^2$ und gemeinsamer Momentenmatrix $\Lambda$ gegeben. Es sei das BAYEsche Klassifikationsverfahren betrachtet, wenn $\xi$ die relative Häufigkeit von Individuen der Klasse $K_1$ angibt. Wegen (1) ist der Bereich $G_1$, bei dem man sich für $K_1$ entscheidet, durch

$$d(\mathfrak{x}) = \mathfrak{x}'\Lambda^{-1}(\mu^1 - \mu^2) > \ln\left(\frac{1-\xi}{\xi}\right) - \frac{1}{2}(\mu^1 + \mu^2)\Lambda^{-1}(\mu^1 - \mu^2) \tag{2}$$

gegeben. Die Gültigkeit der Gleichheitszeichen in (2) hat die Wahrscheinlichkeit Null. $d(\mathfrak{x})$ ist die bekannte Diskriminanzfunktion von R. A. FISHER. Die Berechnung der Diskriminanzfunktion (Umkehrung von $\Lambda$!) kann unter Umständen vereinfacht werden, wenn man mit einem rekursiven Verfahren (siehe RAO [3]) eine lineare Transformation $y = T\,\mathfrak{x}$ auffindet, so daß $y$ die Einheitsmatrix als Momentenmatrix besitzt.

Das Minimax-Klassifikationsverfahren wird bekanntlich erhalten, wenn man in (2) $\xi = \frac{1}{2}$ setzt [2].

Bei unvollständiger Information über das Mischungsverhältnis ist ein Intervall $Q$: „$a \leqq \xi \leqq b$" vorgegeben. Wird zum Beispiel eine Reihenuntersuchung geplant, bei der auf Grund von Messungen $x_\nu$ bei den verschiedenen Individuen einer vorgegebenen Gesamtheit das Vorhandensein einer bestimmten Erkrankung ermittelt werden soll, dann ist ein Klassifikationsproblem mit zwei Klassen gegeben. Bei vorherigen freiwilligen Untersuchungen seien erkrankte Individuen mit einer relativen Häufigkeit $b$ vorgekommen. Wenn aber angenommen werden muß, daß gesunde Individuen seltener zu solchen Untersuchungen erscheinen, dann liegt die wirkliche relative Häufigkeit $\xi$ erkrankter Individuen zwischen 0 und $b$.

Das $Q$-optimale Verfahren ist durch (2) gegeben, wobei

$$\xi = \begin{cases} a & : a > \frac{1}{2} \\ \frac{1}{2} & : a \leqq \frac{1}{2} \leqq b \\ b & : b < \frac{1}{2} \end{cases}$$

gesetzt wird. Die Gestalt des $Q$-optimalen Verfahrens ergibt sich (allgemein bei $r$ Klassen) aus den Untersuchungen in [1].

## 3. Klassifikation in drei normalverteilte Klassen

Es sei ein Klassifikationsproblem mit drei normalverteilten Klassen mit Erwartungsvektoren $\mu^1$, $\mu^2$ bzw. $\mu^3$ und gemeinsamer Momentenmatrix betrachtet. Ebenso wie in 2 erhält man das BAYEsche Verfahren $\delta_\xi$ aus (1). Bei unbekanntem Mischungsverhältnis $\xi$ wird das Minimax-Verfahren folgendermaßen bestimmt:

Es wird die Lösung $\xi_0$ des Gleichungssystems

$$\alpha_1(\delta_\xi) = \alpha_2(\delta_\xi) = \alpha_3(\delta_\xi)$$

gesucht; dann ist $\delta_{\xi_0}$ das Minimax-Verfahren [2].

Bei unvollständiger Information über das Mischungsverhältnis ist ein Intervall

$$Q = \{\xi : a_1 \leqq \xi_1 \leqq b_1\,, \quad a_2 \leqq \xi_2 \leqq b_2\}$$

vorgegeben. ($\xi_3$ ist schon durch $\xi_1$ und $\xi_2$ festgelegt.) $\delta_{\xi*}$ ist dann das $Q$-optimale Verfahren, falls $\xi^*$ folgendermaßen bestimmt wird:

Ist $\xi_0 \in Q$, dann wird $\xi^* = \xi_0$ gesetzt. Ist $\xi_0 \notin Q$, dann wird auf den $\xi_0$ am nächsten liegenden Randgeraden von $Q$ (also auf der Menge aller Punkte $\xi$ aus $Q$, die durch gerade Strecken mit $\xi_0$ verbunden werden können, welche außer $\xi$ keinen Punkt mit $Q$ gemeinsam haben) ein $\xi = \xi^*$ so bestimmt, daß $r(\xi) = r(\xi, \delta_\xi)$ maximal wird.

Bei $n = 1$ bzw. $n = 2$ sind $\xi_0$ bzw. $\xi^*$ mit Hilfe von Tafeln der Normalverteilung bestimmbar, bei größeren $n$ muß $\Lambda$ eine Diagonalmatrix sein, da es keine Tafeln von mehrdimensionalen Normalverteilungen gibt.

## 4. Klassifikation in $r$ normalverteilten Klassen

Der allgemeine Fall mit $r$ Klassen kann analog wie in 3. behandelt werden. Wird $\xi_0$ aus dem Gleichungssystem

$$\alpha_1(\delta_\xi) = \alpha_2(\delta_\xi) = \cdots = \alpha_r(\delta_\xi)$$

bestimmt, dann ist das Bayessche Verfahren $\delta_{\xi_0}$ zum Mischungsverhältnis $\xi_0$ das Minimax-Verfahren. Bei unvollständiger Information über $\xi$ ist ein $(r-1)$-dimensionales Intervall $Q$ vorgegeben. Das Bayessche Verfahren $\delta_{\xi*}$ ist $Q$-optimal, falls $\xi^*$ folgendermaßen bestimmt ist:

Bei $\xi_0 \in Q$ wird $\xi^* = \xi_0$ gesetzt. Bei $\xi_0 \notin Q$ wird auf den $\xi_0$ am nächsten liegenden Randflächen von $Q$ ein $\xi$ bestimmt, so daß $r(\xi) = r(\xi, \delta_\xi)$ maximal wird (vgl. [1]).

## 5. Klassen mit ungleichen Momentenmatrizen

Wird das Klassifikationsproblem mit zwei normalverteilten Klassen $K_1$ und $K_2$ mit Erwartungsvektoren $\mu^1$ bzw. $\mu^2$ und Momentenmatrizen $\Lambda = (\lambda_{ik})$ bzw. $\Omega = (\omega_{ik})$ betrachtet, dann ist nach (1) der Bereich, in dem man sich für $K_1$ entscheidet, durch

$$L_{12}(\mathfrak{x}) = \frac{1}{2}\,\mathfrak{x}'(\Omega^{-1} - \Lambda^{-1})\,\mathfrak{x} + \mathfrak{x}'\,\Lambda^{-1}\,\mu^1 - \mathfrak{x}'\,\Omega^{-1}\,\mu^2 + \frac{1}{2}(\mu^{2\prime}\,\Omega^{-1}\mu^2 - \mu^{1\prime}\,\Lambda^{-1}\mu^1) > \ln\frac{1-\xi}{\xi} \quad (3)$$

gegeben, falls $\xi$ das Mischungsverhältnis ist. Bei ungleichen Momentenmatrizen ist $\delta_{\xi_0}$ das Minimax-Verfahren, wenn $\xi_0$ Lösung der Gleichung

$$\alpha_1(\delta_\xi) = \alpha_2(\delta_\xi)$$

(i. A. von $^1/_2$ verschieden) ist. $Q$-optimale Verfahren werden wie in 2 bestimmt.

Würde man sich (um die mühsame Berechnung der quadratischen Funktionen $L_{12}(\mathfrak{x})$ zu umgehen) nur auf Bereiche $G_Q$ beschränken, die durch lineare Funktionen bestimmt sind, dann könnte man auch ein optimales Verfahren berechnen (vgl. [4]). Dabei wird der Risikounterschied zum absolut optimalen Verfahren nicht bekannt sein, und es ergeben sich unter Umständen viel kompliziertere Rechnungen als bei der Bestimmung von $L_{12}(\mathfrak{x})$.

## 6. Verkürzte Diskriminanzanalyse

Von Anthropologen und Biologen wird oft unter Annahme gleicher Momentenmatrizen eine verkürzte Diskriminanzanalyse durchgeführt, die sich nur auf zwei Werte (Ausdehnungsmaß, Profilmaß) stützt. Im folgenden sei für den allgemeinen Fall ein Klassifikationsverfahren vorgeschlagen, das sich auf vier Werte stützt.

Es sei angenommen, daß die Korrelationskoeffizienten in beiden Klassen ungefähr gleich ein und demselben Wert $r$ sind. Dann ergibt sich für die quadratische Funktion in (3) die folgende Annäherung:

$$L_{12}(\mathfrak{x}) \approx a\,A + p\,P + d\,D + g\,G + \frac{1}{2}\sum_{i,K}\left(\omega^{iK}\mu_i^2\mu_K^2 - \lambda^{iK}\mu_i^1\mu_K^1\right).$$

Die vier Maße $A$, $P$, $D$, $G$ sind dabei folgendermaßen definiert:

$$A = \sum_i\left[\sum_{K\neq i}\left(\frac{\mu_k^1}{\sigma_i\sigma_K} - \frac{\mu_k^2}{\omega_i\omega_K}\right)\right]x_i \quad (\lambda_{ii} = \sigma_i^2,\ \omega_{ii} = \omega_i^2)\,,$$

$$P = \sum_i\left[\frac{\mu_i^1}{\sigma_i^2} - \frac{\mu_i^2}{\omega_i^2}\right]x_i\,,$$

$$D = \sum_i\left[\frac{1}{\omega_i^2} - \frac{1}{\sigma_i^2}\right]x_i^2\,,$$

$$G = \sum_{i,K}\left[\frac{1}{\omega_i\,\omega_K} - \frac{1}{\sigma_i\,\sigma_K}\right]x_i x_K\,.$$

Die zugehörigen Koeffizienten bzw. die Elemente $\omega^{iK}$ und $\lambda^{iK}$ der Matrizen $\Omega^{-1}$ bzw. $\Lambda^{-1}$ sind:

$$a = \frac{r}{2\,(r-1)\,(1+[n-1]\,r)}\,,$$

$$p = \frac{1+(n-2)\,r}{1+(n-2)\,r+(1-n)\,r^2}\,,$$

$$d = \frac{1}{2}\,p\,,$$

$$g = a\,,$$

$$\omega^{iK} = \frac{2\,a}{\omega_i\,\omega_K} + \frac{\delta_{iK}}{(1-r)\,\omega_i^2} \quad \left(\delta_{iK} = \begin{cases}0 & : i \neq K\\ 1 & : i = K\end{cases}\right),$$

$$\lambda^{iK} = \frac{2\,a}{\sigma_i\sigma_K} + \frac{\delta_{iK}}{(1-r)\,\sigma_i^2}\,.$$

Sind beide Momentenmatrizen gleich, dann ergibt sich $D \equiv G \equiv 0$, und $A$ bzw. $P$ ist ein Ausdehnungsmaß bzw. ein Profilmaß. Das letzte Maß ist nicht genau das Profilmaß von Penrose [5], die Maße $A$ bzw. $P$ und die zugehörigen Koeffizienten ergeben mit (3) (im Gegensatz zur üblichen verkürzten Diskriminanzanalyse) ein annähernd optimales Klassifikationsverfahren.

## 7. Über die Optimalität eines speziellen Verfahrens von Rao

Bei anthropologischen (und auch bei anderen) Klassifikationsproblemen, z.B. bei der Zuordnung von Knochenfunden zu den Geschlechtern (weiblich oder männlich), ist oft keine genaue Kenntnis der Merkmalsverteilungen vorhanden. Es sind höchstens eine Abschätzung der Größenordnung der Erwartungswerte und ungefähre Größen der Varianzen $\sigma_\nu^2$ der einzelnen Merkmale, die in beiden Klassen annähernd gleich seien, aus anderen Messungen bekannt. Im vorliegenden Fall wird nach Rao [3] das folgende Verfahren angewendet:

Beim $\nu$-ten Merkmal wird der Wert $\frac{x_\nu}{\sigma_\nu}$ berechnet und mit positivem Vorzeichen versehen, falls der Erwartungswert dieses Merkmales in der Klasse $K_1$ größer ist als der Erwartungswert in der Klasse $K_2$; im entgegengesetzten Fall wird $\frac{x_\nu}{\sigma_\nu}$ mit negativem Vorzeichen versehen. Durch Addition der in dieser Weise erhaltenen Werte ergibt sich ein Wert

$$H = \sum_\nu \pm \frac{x_\nu}{\sigma_\nu}$$

für das betrachtete Individuum aus einer vorliegenden Menge von Individuen, die klassifiziert werden sollen. Wenn $\xi$ die relative Häufigkeit von Individuen aus der Klasse $K_1$ in der Grundgesamtheit, aus der die zu klassifizierende Menge von Individuen stammt, ist, dann werden die $\xi \cdot 100$ Prozent Individuen mit größtem $H$-Wert in die Klasse $K_1$ und die übrigen in die Klasse $K_2$ klassifiziert. Die Frage der Zulässigkeit solch eines Verfahrens kann im Rahmen der entscheidungstheoretischen Betrachtungen geklärt werden. Für die angenäherte (Bayessche) Optimalität bei vorgegebenem Mischungsverhältnis ist die Erfüllung der folgenden Bedingungen hinreichend, falls die Anzahl der zu klassifizierenden Individuen groß ist:

a) $\Lambda \approx \Omega$.

b) $|\mu_\nu^1 - \mu_\nu^2| \approx \sigma_\nu$.

c) Alle Korrelationskoeffizienten sind ungefähr gleich einem Wert $r$ und die Anzahl der (+)-Merkmale ist ungefähr gleich der Anzahl der (—)-Merkmale.

Oder

c′) Die Merkmale sind näherungsweise unkorreliert.

d) $\xi \approx 0$, $^1/_2$ oder 1.

Beim oben erwähnten Problem der Knochenfunde wird das Verfahren evtl. zulässig sein, da oft angenommen werden kann, daß $\xi \approx {}^1/_2$ ist.

## 8. Diskriminanzanalyse bei qualitativen Merkmalen

Bei der Betrachtung von qualitativen Merkmalen sind die Klassen durch die Wahrscheinlichkeiten $p_\varrho(\mathfrak{x}|\omega)$ für die endlich vielen möglichen Merkmalsvektoren charakterisiert. Diese Wahrscheinlichkeiten hängen von einem unbekannten Parameter ab, der auf Grund vorhergehender Erfahrungen (ebenso wie $\mu^s$ und $\Lambda$ bei normalverteilten Klassen) geschätzt werden muß.

Sind bei jedem Merkmal etwa nur zwei alternative Möglichkeiten (ja/nein) vorhanden, dann wird im ungünstigsten Fall $\omega$ der Menge der Wahrscheinlichkeiten für die $2^n$ möglichen Merkmalsvektoren entsprechen. Oft kann aber angenommen werden, daß die Verteilung durch Vorgabe weniger Werte (etwa Randwahrscheinlichkeiten und Korrelationskoeffizienten [6]) schon festgelegt ist.

Bei der Klassifikation in zwei Klassen ist das Bayessche Verfahren (bei einer relativen Häufigkeit $\xi$ von Individuen aus $K_1$) folgendermaßen gegeben: Bei

$$l = \frac{p_1(\mathfrak{x}|\omega)}{p_2(\mathfrak{x}|\omega)} > \frac{1-\xi}{\xi} = c \tag{4}$$

entscheidet man sich für $K_1$, bei Gültigkeit des Gleichheitszeichens in (4) (dieses Ereignis hat bei normalverteilten Klassen immer die Wahrscheinlichkeit Null und braucht dann nicht zu berücksichtigt werden) ist eine beliebige Entscheidung (etwa „$K_1$") erlaubt.

Bei unbekanntem $\xi$ kann wieder das Minimax-Verfahren benutzt werden. Es wird ein $\xi^*$ so bestimmt, daß

$$\sum_{\mathfrak{x}:l>c} p_1(\mathfrak{x}|\omega) \leqq \sum_{\mathfrak{x}:l\leqq c} p_2(\mathfrak{x}|\omega)\,,$$

$$\sum_{\mathfrak{x}:l\geqq c} p_1(\mathfrak{x}|\omega) \geqq \sum_{\mathfrak{x}:l<c} p_2(\mathfrak{x}|\omega)$$

gilt. Ist $\gamma \in [0, 1]$ so gewählt, daß

$$\sum_{\mathfrak{x}:l>c} p_1(\mathfrak{x}|\omega) + \gamma \sum_{\mathfrak{x}:l=c} p_1(\mathfrak{x}|\omega) = \sum_{\mathfrak{x}:l<c} p_2(\mathfrak{x}|\omega) + (1-\gamma) \sum_{\mathfrak{x}:l=c} p_2(\mathfrak{x}|\omega)$$

gilt, dann ist das Minimax-Verfahren folgendermaßen gegeben:

Mit $\xi = \xi^*$ wird man sich bei Gültigkeit des Gleichheitszeichens in (4) mit Wahrscheinlichkeit $\gamma$ für die Klasse $K_1$ entscheiden, sonst wird man sich bei (4) für $K_1$ entscheiden. Beim Minimax-Verfahren ist also u. U. eine zufällige Entscheidung zu treffen. Sind die Wahrscheinlichkeiten $p_3(\mathfrak{x}|\omega)$ sehr klein, dann kann bei Gültigkeit des Gleichheitszeichens ohne wesentliche Änderung der Minimax-Irrtumswahrscheinlichkeiten eine beliebige nicht zufällige Entscheidung getroffen werden. Im Falle großer $n$ ist es im allgemeinen günstiger, gewisse (auf dem Zentralen Grenzwertsatz beruhende) Approximationen für $l$ anzuwenden, wie sie von BAHADUR angegeben werden [7].

## 9. Optimalität von Klassifikationsverfahren bei geschätzten Parametern

Bei allen in 1 bis 8 angegebenen Verfahren war die Kenntnis von gewissen Parametern $\omega$ ($\omega = \mu^\varrho, \Lambda, \ldots$) vorausgesetzt. In der Praxis werden diese Parameter auf Grund von Messungen bei Individuen, deren Klassenzugehörigkeit bekannt ist, geschätzt. Es ist nun keineswegs trivial, daß ein optimales Verfahren $\delta[\hat\omega]$ bei geschätztem Parameter $\hat\omega$ in irgendeinem Sinn asymptotisch optimal ist, falls $\omega$ der wahre Parameter ist und falls die Parameterschätzung $\hat\omega$ konsistent ist, also $\omega \to \omega$ (Konvergenz in Wahrscheinlichkeit bei wachsendem Umfang der Stichprobe, auf der die Schätzung beruht) gilt.

Es sei ein Zufallselement $X$ gegeben, das durch eine fast überall positive Wahrscheinlichkeitsdichte $p_\varrho\,(x|\omega)$ bezüglich eines Maßes $\mu$ über einer Menge $\mathfrak{X}$ definiert ist. Auf Grund einer Realisierung $x$ soll entschieden werden, ob $\varrho$ gleich $1, 2, \ldots, r-1$ oder $r$ ist. Dabei ist $\omega$ ein fester Parameter aus $R^s$. Hierdurch ist ein Klassifikationsverfahren in Klassen $K_\varrho$ definiert, die durch Dichten $p_\varrho(x|\omega)$ charakterisiert sind. Die Information über das Mischungsverhältnis sei durch ein Intervall $Q = \{\xi : a_\varrho \leqq \xi_\varrho \leqq b_\varrho;\ \varrho = 1, 2, \ldots, r-1\}$ gegeben. $\hat\omega$ sei eine (von $X$ unabhängige) Schätzung von $\omega$. Auf Grund des Satzes von RADON-NIKODYM kann angenommen werden, daß es ein Maß $\nu$ über dem $R^{r-1}$ gibt, so daß der Zufallsvektor $L_\varrho = \left(\frac{p_\varrho(x|\omega)}{p_1(x|\omega)}, \ldots, \frac{p_\varrho(x|\omega)}{p_{\varrho-1}(x|\omega)}, \frac{p_\varrho(x|\omega)}{p_{\varrho+1}(x|\omega)}, \ldots, \frac{p_\varrho(x|\omega)}{p_r(x|\omega)}\right)$ durch eine Wahrscheinlichkeitsdichte bezüglich $\nu$ definiert ist. Durch $\delta(\omega)$ sei ein Klassifikationsverfahren bezeichnet, das $Q$-optimal ist, falls der Parameter $\omega$ vorliegt. Für die asymptotische Optimalität von $\delta[\hat\omega]$ können relativ schwache Bedingungen gefunden werden.

S a t z. Zu jedem $\omega_0 \in R^s$ existiere eine Folge $\{\mathfrak{X}^i\}$ mit

$$\lim_i \int_{\mathfrak{X}^i} p_\varrho\,(x|\omega)\, d\mu(x) = 1 \quad (\varrho = 1, 2, \ldots, r),$$

so daß $\{p_\varrho(x|\omega) : x \in \mathfrak{X}^i\}$ eine Menge an der Stelle $\omega = \omega_0$ gleichgradig stetiger Funktionen ist. Ist $\hat\omega$ eine konsistente Schätzung von $\omega$ und ist $\mu$ ein diskretes Maß oder $\nu$ ein Maß, bei dem jede Hyperebene des $R^{r-1}$ eine Nullmenge ist, dann gilt

$$\sup_{\xi\in Q} r\,(\xi, \delta[\hat{\omega}]|\omega) \to \sup_{\xi\in Q} r\,(\xi, \delta[\omega]|\omega) = r_Q.\ ^{1})$$

Weiterhin ist das geschätzte Optimum $\hat{r}_Q = \sup_{\xi\in Q} r\,(\xi, \delta[\hat{\omega}]|\hat{\omega})$ eine konsistente Schätzung des Optimums $r_Q$.

Der obige Satz ist also z. B. gültig, wenn $X$ ein stetiger oder diskreter reeller Zufallsvektor ist, bei dem $p_\varrho(x|\omega)$ in $(x, \omega)$ stetig ist. Als Spezialfall ergibt sich die bekannte Tatsache, daß bei normalverteilten Klassen der Erwartungswert $E\,\{r, (\xi\ \delta_\xi[\hat{\mu}^\varrho, \hat{\Lambda}]|\mu^\varrho, \Lambda)\}$ des Risikos für das BAYESsche Verfahren bei durch Maximum-Likelihood-Schätzungen geschätzten Erwartungsvektoren und Momentenmatrizen gegen das BAYESsche Risiko $r\,(\xi, \delta_\xi[\mu^\varrho, \Lambda]|\mu^\varrho, \Lambda)$ konvergiert.

### Literatur

[1] BUNKE, O., Bedingte Strategien in der Spieltheorie: Existenzsätze und Anwendung auf statistisch Entscheidungsfunktionen. Transactions of the Third Prage Conference on Information Theory Stochastic Prozesses and Statistical Decision Functions, Prag 1962.

[2] ANDERSON, T. W., An introduction to multivariate analysis. New York 1958.

[3] RAO, R. C., Advanced statistical methods in biological research, New York 1952.

[4] ANDERSON, T. W., and BAHADUR, R. R., Classification into Two Multivariate Normal Distribution with Different Covenience Matrices. Ann. Math. Stat. **33** (1962).

[5] PENROSE, L. S., Some notes on discrimination. Ann. Eugenics **13** (1947).

[6] BAHADUR, R. R., A representation of the joint distribution of responses to *n* dichotomous items. Studies on item analysis and prediction (ed. H. Solomon), Prentice Hall, 1962.

[7] BAHADUR, R. R., On classification based on responses to *n* dichotomous items. Studies on item analysis and prediction, Prentice Hall, 1962.

---

1) Bei der Bildung des Risikos $r(\xi, \delta|\omega)$ ist ein Parameter $\omega$ vorausgesetzt.

# Statistische Auswertung von Vegetationsbeobachtungen in Feldversuchen

von R. Burghausen

Institut für Acker- und Pflanzenbau der Friedrich-Schiller-Universität Jena

In Feldversuchen interessieren neben dem Ertrag auch Qualitätsmerkmale und die dazu führenden Entwicklungskriterien, Umwelteinflüsse und Schadwirkungen. So werden meistens umfangreiche Vegetationsbeobachtungen durchgeführt und in Form von Boniturnoten oder qualitativen Häufigkeitswerten festgehalten. Infolge der fehlenden Voraussetzungen (Normalität, Homoskedastizität, Additivität) für eine Anwendung der Varianzanalyse erfolgt jedoch eine fehlerstatistische Auswertung selten, obwohl dies einer ungenügenden Ausnützung der Forschungsmittel gleichkommt. Es sei mir daher an dieser Stelle erlaubt, unsere Erfahrungen über die statistische Auswertung von Vegetationsbeobachtungen in Feldversuchen mit Kartoffeln zur Diskussion zu stellen.

## Verrechnung der Häufigkeitswerte

Die alljährlich in Feldversuchen ermittelten *Häufigkeitswerte* ließen sich in einfachen Blockversuchen mit dem $\chi^2$-Test auswerten, wie es Tab. 1 zeigt. Dabei waren die unterschiedlichen

Tabelle 1

*Anwendung des $\chi^2$-Testes im Feldversuch*

*Einfluß unterschiedlicher Düngungstermine auf die Knollenzahl je Kartoffelpflanze*

*Knollenzahl je Pflanze:*

| Zeitsp.d.Düngung | a | b | c | d | e | $\Sigma$ | $\bar{x}$ | $\chi^2$-Wiederholung |
|---|---|---|---|---|---|---|---|---|
| 1 | 8 | 8 | 10 | 13 | 14 | 53 | 10,6 | 2,94 |
| 2 | 11 | 9 | 13 | 15 | 11 | 59 | 11,8 | 1,76 |
| 3 | 7 | 7 | 9 | 7 | 9 | 39 | 7,8 | 0,61 |
| 4 | 7 | 6 | 7 | 11 | 7 | 38 | 7,6 | 2,00 |
| | | | | | | 189 (47,25) | 9,45 | 7,31 |

$\chi^2$ = 7,31, bei 16 FG liegt P% zwischen 95–99, d. h. das Material ist sehr homogen; die Ungleichmäßigkeit der Wiederholungen ist nicht signifikant.

Von Interesse sind aber die Behandlungsunterschiede:

$$\chi^2 = \frac{53^2 + 59^2 + 39^2 + 38^2}{47,25} - 189 = 6,87 \text{ bei } 3\,\text{f:P\%} = 5-10$$

d. h., die unterschiedlichen Knollenzahlen je Pflanze sind zufallsbedingt und nicht auf den unterschiedlichen Düngungszeitpunkt zurückzuführen.

Knollenzahlen je Pflanze zufallsbedingt und nicht auf den unterschiedlichen Düngungszeitpunkt zurückzuführen. Leider können hiermit die Blockunterschiede nicht eliminiert werden, und das Ergebnis zeigt eine geringe Aussagekraft. Für die Anwendung einer parameterfreien Varianzanalyse fehlen in der Praxis meist noch die Voraussetzungen. Da überdies derart einfache Versuchsanlagen selten vorkommen, erscheint es für eine genaue Untersuchung ratsamer, durch eine Transformation die Voraussetzungen für die Varianzanalyse zu schaffen.

Die bei Zählungen an Pflanzenmaterial anfallenden *niedrigen Zahlenwerte* folgten einer Poisson-Verteilung. So ließen sich die in Versuchen ermittelten Stengelzahlen je Pflanze nach der Wurzeltransformation $x' = \sqrt{x}$ einwandfrei varianzanalytisch verrechnen, wie es u. a. von Grimm (1960), Linder (1960), Mudra (1958), Rives (1960) und Weber (1961) beschrieben wurde.

Häufig kommen auch *Prozentwerte* aus Auszählungen vor, die binomisch verteilt sind, aber inhomogene Varianzen zeigen. Hier hat sich die Winkeltransformation $x' = \text{arc sin} \sqrt{x}$ gut bewährt. In Tab. 2 ist als Beispiel der Einfluß der Pflanzgutvorbehandlung auf den prozentua-

Tabelle 2

*Winkeltransformation bei prozentualen Beobachtungswerten*

*Einfluß der Pflanzgut-Vorbehandlung auf den Fehlstellenanteil (Mittel aus 50 Versuchen)*

*Zahl der Fehlstellen in %*

| Versuchsglied | | 1957 | 1958 | 1959 | 1960 | $\Sigma$ | $\bar{x}$ |
|---|---|---|---|---|---|---|---|
| 1. Unbehandelt | % | 2,4 | 2,2 | 5,2 | 3,7 | | 3,4 |
| | ($X'$) | (8,87) | (8,50) | (13,17) | (11,14) | (41,68) | (10,42) |
| 2. Keimgestimmt | % | 1,9 | 1,7 | 2,5 | 2,7 | | 2,2 |
| | ($X'$) | (7,99) | (7,41) | (9,06) | (9,43) | (33,89) | (8,47) |
| 3. Vorgekeimt | % | 2,1 | 1,9 | 3,0 | 2,8 | | 2,4 |
| | ($X'$) | (8,31) | (7,99) | (9,98) | (9,61) | (35,89) | (8,97) |
| | ($X'$) | (25,17) | (23,90) | (32,21) | (30,18) | (111,46) | (9,28) |

VA ohne Transformation ergab: MQ(VersGl) = 1,53, MQ(Rest) = 0,32, F-Test = 4,78 (5,14)
= nicht gesichert

VA nach Winkeltransformation $X' = \text{arc sin} \sqrt{x}$:

| Variabilität | SAQ | FG | MQ | F-Test |
|---|---|---|---|---|
| Gesamt- | 27,80 | 11 | | |
| Blöcke | 8,18 | 3 | | |
| Vers. Gl. | 15,74 | 2 | 7,87 | 12,11 (5,14) |
| Rest | 3,88 | 6 | 0,65 | |

d. h. durch Vorbehandlung des Kartoffelpflanzgutes ist es möglich, die ertragsbeeinflussende Fehlstellenzahl zu verringern.

len Fehlstellenanteil gezeigt. So war es mittels der Winkeltransformation u. a. auch möglich, einen positiven Einfluß des Vorkeimens auf die ertragsbeeinflussenden Faktoren Fehlstellenzahl und Viruskrankheitenanteil festzustellen. Da die beobachteten Prozentwerte meist in Grenzbereichen auftreten, erwies sich eine Winkeltransformation in den meisten Fällen als nötig (z. B. rel. Zahl kranker Pflanzen, rel. Knollengrößenanteil). Die von Mudra (1958) angeführte Tabelle wurde zu diesem Zweck durch Interpolieren bzw. Neuerrechnen erweitert.

## Auswertung von Boniturnoten

In der Züchtung und Forschung erfolgen bei den Feldversuchen laufend Bonituren nach Noten (z. B. Auflauf, Frostverträglichkeit, Jugendentwicklung, Krankheits- und Schädlingsbefall, Reifegrad). Um außer den bisherigen rein informatorischen Mittelwerten auch signifikante Behandlungseinflüsse unter möglichst weitgehender Ausschaltung des Subjektiven erkennen zu können, wurden anfangs die Boniturwerte von zwei Beobachtungspersonen mit dem parameterfreien Zeichentest [1]) auf Übereinstimmung geprüft. Die Beurteilungsfähigkeit ein-

[1]) Siehe Fußnote [1])auf Seite 45.

zelner Personen ließ sich damit gut kontrollieren, so daß die Arbeitsqualität stieg und Streitfälle vermieden wurden. Dann erfolgte eine paarweise Gegenüberstellung der Versuchsvarianten zur Signifikanzprüfung mit dem parameterfreien $X$-Test von VAN DER WAERDEN und NIEVERGELT [1]) oder dem $U$-Test von MANN und WHITNEY (WEBER 1961). In den Komplexversuchen gingen dabei aber wertvolle Informationen über die Wechselwirkung und Umwelteinflüsse sowie durch den fehlenden Blockausgleich verloren. So konnte dieses Verfahren in der modernen Feldversuchsmethodik bei mehreren Faktoren und einer Vielzahl von Versuchsgliedern nur eine Notlösung darstellen.

Als WEILING (1959) über eine Transformation für Bonituren mit beliebiger Breite einer Boniturskala berichtete, glaubten wir durch deren Anwendung des Problems Herr geworden zu sein. Diese Transformation für die Boniturskala von 0—4 — nämlich $x' = \text{Probit} \frac{\log (5 - x)}{\log 5}$ — ließ sich aber nicht verallgemeinern.

An Stelle der bisher individuellen unterschiedlichen Boniturskalen wurde 1961 von der Deutschen Akademie der Landwirtschaftswissenschaften ein einheitliches Bonitierungsschema von 1—9 empfohlen. Wir übernahmen dies sofort, hatten aber bei der statistischen Auswertung Schwierigkeiten. Weder die ursprünglichen Werte oder die von WEILING (1959) vorgeschlagene Probittransformation noch die von ihm 1960 für Linksschiefe empfohlene Transformation $x' = \text{Probit} \frac{\log (x + 1)}{\log (a_2 + 1 - a_1)}$ (bei der $a_2$ und $a_1$ die Grenzwerte der Boniturskala bedeuten), noch die Wurzeltransformation erbrachte die zur Varianzanalyse nötigen Voraussetzungen.

Jetzt fanden wir einen Ausweg in der im folgenden geschilderten neuen Methode:

Einem Hinweis von GRIMM [2]) (1960, 1962) folgend, wurden die in FISHER and YATES (1953) aufgeführten ‚Scores for ordinal or ranked data‘ (Tab. XX) zur Eignung als Transformations-

Tabelle 3

*Rechenwerte für die Boniturskala*

| 1—5 Skala | Neue Boniturskala | Note | Rechenwerte | |
|---|---|---|---|---|
| | | | | (Scores nach FISHER and YATES) |
| 1 | Sehr gut | 1 | = 1,49 | |
| 1—2 | Sehr gut bis gut | 2 | = 0,93 | |
| 2 | Gut | 3 | = 0,57 | |
| 2—3 | Gut bis ausreichend | 4 | = 0,27 | |
| 3 | Ausreichend | 5 | = 0 | |
| 3—4 | Ausreichend bis schlecht | 6 | = —0,27 | |
| 4 | Schlecht | 7 | = —0,57 | |
| 4—5 | Schlecht bis sehr schlecht | 8 | = —0,93 | |
| 5 | Sehr schlecht | 9 | = —1,49 | |

werte untersucht, indem für die jeweiligen Boniturnoten die in Tab. 3 gezeigten Scores eingesetzt wurden und mit diesen die varianzanalytische Verrechnung erfolgte. Tab. 4 zeigt den Verrechnungsgang an einem Beispiel des Herbizideinflusses auf Kartoffelpflanzen. Um zu einer einfachen Darstellungsweise zu gelangen, wurde statt der sonst üblichen mehrfaktoriellen Versuche (Spalt-Anlage) ein einfacher Blockversuch genommen.

In dem nach der FISHER-Block-Methode mit 4 Wiederholungen angelegten Versuch verursachten einige geprüfte Herbizide Blattdeformationen und -nekrosen in unterschiedlichem Ausmaß, die für die Prüfung des Mittels, der Ertragsstruktur und des Wirkungsmechanismus bedeutungsvoll waren, sich aber nicht erfassen ließen. Ein geeigneter parameterfreier Test war für Komplexversuche nicht vorhanden. Weder bei den Originalwerten noch nach der Probit- und Wurzeltransformation zeigten der TUKEY- und BARTLETT-Test die für die Varianzanalyse

[1]) WAERDEN, B. L. VAN DER, und E. NIEVERGELT, Tafeln zum Vergleich zweier Stichproben mittels $X$-Test und Zeichentest. Springer-Verlag, Berlin—Göttingen—Heidelberg 1956.

[2]) Herrn Dipl.-Math. GRIMM, Jena, möchte ich hiermit für seine uneigennützige Hilfe aufrichtigen Dank sagen.

Tabelle 4

*Einfluß verschiedener Herbizide auf Kartoffelpflanzen*

(Bonitur nach Noten von 1—9)

| Herbizid | a | b | c | d | Σ | $\bar{x}$ |
|---|---|---|---|---|---|---|
| 1 | (2)<br>0,93 | (2)<br>0,93 | (1)<br>1,49 | (1)<br>1,49 | (6)<br>4,84 | (1,50)<br>1,21 |
| 2 | (2)<br>0,93 | (4)<br>0,27 | (2)<br>0,93 | (3)<br>0,57 | (11)<br>2,70 | (2,75)<br>0,67 |
| 3 | (2)<br>0,93 | (4)<br>0,27 | (1)<br>1,49 | (3)<br>0,57 | (10)<br>3,26 | (2,50)<br>0,81 |
| 4 | (1)<br>1,49 | (2)<br>0,93 | (2)<br>0,93 | (2)<br>0,93 | (7)<br>4,28 | (1,75)<br>1,07 |
| 5 | (3)<br>0,57 | (5)<br>0 | (3)<br>0,57 | (5)<br>0 | (16)<br>1,14 | (4,00)<br>0,28 |
| 6 | (2)<br>0,93 | (3)<br>0,57 | (2)<br>0,93 | (3)<br>0,57 | (10)<br>3,00 | (2,50)<br>0,75 |
| 7 | (4)<br>0,27 | (3)<br>0,57 | (3)<br>0,57 | (3)<br>0,57 | (13)<br>1,98 | (3,25)<br>0,49 |
| 8 | (2)<br>0,93 | (2)<br>0,93 | (2)<br>0,93 | (2)<br>0,93 | (8)<br>3,72 | (2,00)<br>0,93 |
| 9 | (2)<br>0,93 | (2)<br>0,93 | (2)<br>0,93 | (2)<br>0,93 | (8)<br>3,72 | (2,00)<br>0,93 |
| 10 | (2)<br>0,93 | (1)<br>1,49 | (3)<br>0,57 | (2)<br>0,93 | (8)<br>3,92 | (2,00)<br>0,98 |
| 11 | (2)<br>0,93 | (1)<br>1,49 | (4)<br>0,27 | (2)<br>0,93 | (9)<br>3,62 | (2,25)<br>0,90 |
| Σ | 10,77 | 8,38 | 9,61 | 8,42 | 37,18 | $\bar{x}$ = 0,84 |

(Korrekturglied = 31,4171)

*VA nach Transformation mit Scores von Fisher and Yates*

(Tab. XX)

| Variabilität | SAQ | FG | MQ | F-Test |
|---|---|---|---|---|
| Gesamt- | 4,47 | 43 | | |
| Blöcke | 0,35 | 3 | | |
| Vers.-Glieder | 2,84 | 10 | 0,28 | 7,00(2,16) |
| Rest | 1,28 | 30 | 0,04 | |

nötige Additivität und Homoskedastizität der Streuung. Erst die Anwendung der in Tab. 4 gezeigten Transformation ermöglichte die varianzanalytische Verrechnung, noch dazu mit verringertem Aufwand. Das in Tab. 5 gezeigte Ergebnis erlaubt mit den nach dem DUNCAN-Test sehr stark gesicherten Differenzen wertvolle Schlußfolgerungen, die sonst erst nach der Ernte oder gar nicht feststellbar sind. Der BARTLETT-Test ergab nur zufällige Unterschiede zwischen den Einzelvarianzen.

In Tab. 6 ist noch ein zweites Beispiel aufgeführt, in dem mit negativen Scores (entsprechend hohen Boniturnoten) gerechnet wurde. Hier sollte in einem Feldversuch nach dem Lateinischen Rechteck der Einfluß einer vorjährigen Herbizidbehandlung auf die Jugendentwicklung der Kartoffeln untersucht werden. Dieser nur visuell feststellbare, aber sehr wichtige Einfluß ließ sich nur nach der beschriebenen Methode erfassen.

Tabelle 5

*Einfluß verschiedener Herbizide auf Kartoffelpflanzen*

(Ergebnisse der VA nach Transformation mit Scores von Fisher and Yates)

| | $\bar{x}4$ | $\bar{x}10$ | $\bar{x}9$ | $\bar{x}8$ | $\bar{x}11$ | $\bar{x}3$ | $\bar{x}6$ | $\bar{x}2$ | $\bar{x}7$ | $\bar{x}5$ |
|---|---|---|---|---|---|---|---|---|---|---|
| $\bar{x}1$ | 0,06° | 0,23° | 0,28° | 0,28° | 0,30 | 0,39 | 0,46 | 0,53 | 0,71$^{+++}$ | 0,92$^{+++}$ |
| $\bar{x}4$ | | 0,09° | 0,14° | 0,14° | 0,16° | 0,25° | 0,32 | 0,39 | 0,57 | 0,78$^{+++}$ |
| $\bar{x}10$ | | | 0,05° | 0,05° | 0,08° | 0,16° | 0,23° | 0,30 | 0,48 | 0,69$^{+++}$ |
| $\bar{x}9$ | | | | 0° | 0,02° | 0,11° | 0,18° | 0,25° | 0,43 | 0,64$^{+++}$ |
| $\bar{x}8$ | | | | | 0,02° | 0,11° | 0,18° | 0,25° | 0,43 | 0,64$^{+++}$ |
| $\bar{x}11$ | | | | | | 0,09° | 0,16° | 0,23° | 0,41 | 0,62$^{+++}$ |
| $\bar{x}3$ | | | | | | | 0,07° | 0,14° | 0,32 | 0,53 |
| $\bar{x}6$ | | | | | | | | 0,07 | 0,25° | 0,46 |
| $\bar{x}2$ | | | | | | | | | 0,18° | 0,39 |
| $\bar{x}7$ | | | | | | | | | | 0,21° |

$x$ = keine Signifikanz nach Duncan-Test
$x^{\circ}$ = keine Signifikanz nach multipl. $t$-Test
$x^{+++}$ = sehr stark gesicherte Differenz nach Duncan-Test
Die Homogenitätsprüfung (Bartlett-Test) ergab nur zufällige Unterschiede zwischen den Einzelvarianzen

In Anbetracht des geringen Rechenaufwandes und der hohen Aussagekraft dürfte daher das geschilderte Verfahren zur varianzanalytischen Verrechnung von Boniturnoten mit Hilfe der Scores von Fisher and Yates die Forschungsarbeiten zumindest in der Landwirtschaft sehr unterstützen.

*Zusammenfassend* darf geschlußfolgert werden, daß wir mit den aufgezeigten Methoden leicht durchführbare Möglichkeiten zur statistischen Auswertung von Vegetationsbeobachtungen in Feldversuchen haben. Eine derart exakte Auswertung wird nicht in allen Fällen der Praxis nötig sein. Doch in wissenschaftlichen Untersuchungen sollte eine statistische Auswertung aller Ergebnisse erfolgen, da hierdurch Zeit, Arbeit und Material gespart sowie Aussagekraft gewonnen wird. Je näher die Ertragsstruktur dem Höchstertrag kommt, um so schwieriger lassen sich nicht zufallsbedingte Differenzen nachweisen. Außerdem sind dann Ertragssteigerungen nur noch zu erreichen, wenn u. a. mit Hilfe laufender Entwicklungsbeobachtungen die Gesetzmäßigkeiten der Ertragsbildung erforscht werden. Somit erscheint die statistische Auswertung von Vegetationsbeobachtungen auch für die Zukunft bedeutungsvoll.

## Literatur

[1] Bartlett, M. S., The use of transformations. Biometrics 3 (1947) 39—52.

[2] Fisher, R. A. and Yates, Statistical Tables for Biological, Agricultural and Medical Research. 4. Aufl., Oliver and Boyd, Edinburgh 1953.

[3] Grimm, H., Transformation von Zufallsvariablen. Biometr. Zeitschr. 2, 3 (1960) 164—182.

[4] Grimm, H., persönliche Mitteilung, 1962.

[5] Linder, A., Statistische Methoden für Naturwissenschaftler, Mediziner und Ingenieure. 3. Aufl., Birkhäuser Verlag, Basel u. Stuttgart 1960.

[6] Mudra, A., Statistische Methoden für landwirtschaftliche Versuche. Paul Parey, Berlin u. Hamburg 1958.

[7] Rives, M., Sur l'analyse de la variance I. Emploi de transformations. Ann. Inst. nat. Rech. agronom., Ser. B, 3 (1960) 309—331.

[8] Weber, E., Grundriß der biologischen Statistik für Naturwissenschaftler, Landwirte und Mediziner. 4. Aufl., VEB Gustav-Fischer-Verlag, Jena 1961.

[9] Weiling, F., Die Bedeutung der Transformation für die Versuchsanalyse, insbesondere bei Bonituren mit beliebiger Breite der Boniturskala. 1959.

[10] Weiling, F., persönliche Mitteilung, 1960.

Tabelle 6

*Nachwirkung eines Herbizideinsatzes auf die Jugendentwicklung* (Noten 1–9)

| Block | Säule a | | | Säule b | | | Säule c | | | Säule d | | | Säule e | | | Blocksumme |
|---|---|---|---|---|---|---|---|---|---|---|---|---|---|---|---|---|
| 5 | 0,93 | 0,93 | 0,93 | 0,27 | 0,57 | 0,57 | 0 | 0 | 0 | 0 | −0,27 | 0 | 0 | −0,27 | 0,57 | 4,23 |
| 4 | 0,93 | 0,93 | 0,93 | 0,27 | 0,57 | 0,27 | 0 | 0 | 0,93 | −0,27 | 0,93 | 0,57 | 0,93 | 0 | 0,27 | 7,26 |
| 3 | 0,93 | 0,93 | 0,93 | 0 | 0 | 0 | 0,93 | 0 | 0 | 0,93 | −0,27 | 0,93 | 0 | 0,93 | 0,27 | 6,51 |
| 2 | 0,93 | 0,93 | 0,93 | 0,57 | −0,27 | 0 | 0 | 0,93 | 0,93 | 0 | 0,93 | 0,93 | 0,93 | 0 | 0,93 | 8,67 |
| 1 | 0,93 | 0,93 | 0,93 | 0 | 0 | 0 | 0,93 | 0,93 | 0 | 0 | 0,93 | 0 | 0,93 | −0,27 | 0,93 | 7,17 |
| $\Sigma$Säulen | 13,95 | | | 2,82 | | | 5,58 | | | 5,34 | | | 6,15 | | | 33,84; $\bar{x}$=0,451 |

| Vers.-Glieder | 1 | 2 | 3 | 4 | 5 | 6 | 7 | 8 | 9 | 10 | 11 | 12 | 13 | 14 | 15 |
|---|---|---|---|---|---|---|---|---|---|---|---|---|---|---|---|
| Trafo.$\Sigma$ | 4,29 | 3,72 | 3,99 | 3,99 | 4,29 | 4,29 | 1,77 | 0,93 | 0,66 | 1,23 | 0,66 | 0,93 | 0,93 | 0,93 | 1,23 |
| $\bar{x}$ | 0,86 | 0,74 | 0,80 | 0,80 | 0,86 | 0,86 | 0,35 | 0,19 | 0,13 | 0,25 | 0,13 | 0,19 | 0,19 | 0,19 | 0,25 |

*VA mit Rechenwerten* (Scores aus Fisher and Yates)

| Variabilität | SAQ | FG | MQ | F-Test |
|---|---|---|---|---|
| Gesamt- | 16,03 | 74 | | |
| Blöcke | 0,71 | 4 | | |
| Säulen | 4,73 | 4 | | |
| Vers.-Glieder | 7,02 | 14 | 0,50 | 7,14(1,95) |
| Rest | 3,57 | 52 | 0,07 | |

Korrekturglied = 15,2686 $s\bar{x}$ = 0,118 $Rp_{0,05}$ = 0,34–0,40

# Anwendungen mathematisch-statistischer Methoden in der Humangenetik

von F. Burkhardt

Professor an der Karl-Marx-Universität Leipzig

In der modernen Humangenetik, die in den letzten Jahren die Lehrbücher von O. v. Verschuer [1] und F. Vogel [2] erhalten hat, werden mathematisch-statistische Methoden in immer steigendem Maße angewandt, im besonderen beim Schätzen genetischer Parameter sowie beim Aufstellen und Prüfen genetischer Hypothesen.

Im allgemeinen wird in der Humangenetik klinisches statistisches Material verwandt. Es gibt eine Reihe von Problemen, die auch mit bevölkerungsstatistischem Material behandelt werden können, wobei z. T. weitere Ergebnisse gewonnen werden. Zu diesen Problemen gehören das Problem der Ein- und Zweieiigkeit bei Zwillingsgeburten, das Problem der Sexualproportion bei der Geburt und das Problem der Übersterblichkeit der Knaben im ersten Lebensjahr. Zu den letztgenannten Problemen wollen wir auf Grund unserer Studien an Hand von bevölkerungsstatistischem Material das Folgende ausführen:

## 1. Problem der Ein- und Zweieiigkeit bei Zwillingsgeburten

Wir verwenden die folgenden Bezeichnungen:

$p_1$ = relative Häufigkeit einer Knabengeburt,

$p_2$ = relative Häufigkeit einer Mädchengeburt,

$\mathfrak{p}_{11}$ = relative Häufigkeit einer Doppelknabengeburt,

$\mathfrak{p}_{22}$ = relative Häufigkeit einer Doppelmädchengeburt,

$\mathfrak{p}_{12}$ = relative Häufigkeit einer gemischten Zwillingsgeburt,

$Z$ = Zahl der Geburten,

$Z_2$ = Zahl der Zwillingsgeburten,

$Z_3$ = Zahl der Drillingsgeburten usw.,

$Z_2^1$ = Zahl der Eineiigen Zwillingsgeburten,

$Z_2^2$ = Zahl der zweieiigen Zwillingsgeburten,

$\frac{Z_2^1}{Z_2} = \alpha$ (relative Häufigkeit von eineiigen Zwillingsgeburten),

$\frac{Z_2}{Z} = \beta$ (relative Häufigkeit von Zwillingsgeburten),

$\frac{Z_3}{Z} = \beta'$ (relative Häufigkeit von Drillingsgeburten usw.).

Setzen wir zunächst näherungsweise $p_1 = p_2$, so ergibt sich

$$\alpha = \mathfrak{p}_{11} + \mathfrak{p}_{22} - \mathfrak{p}_{12}\,. \tag{1}$$

Im allgemeinen Fall $p_1 \neq p_2$ erhalten wir mittels der Methode der kleinsten Quadrate

$$\alpha = \frac{\mathfrak{p}_{11} + \mathfrak{p}_{22} - 2\,\mathfrak{p}_{12} - p_1^2 - p_2^2 + 4\,p_1 \cdot p_2}{6\,p_1 \cdot p_2}\,. \tag{2}$$

Für $\beta$, $\beta'$, $\beta''$, ... gilt nach internationalem bevölkerungsstatistischem Material näherungsweise die HELLINsche Regel[1])

$$\beta^2 = \beta' , \quad \beta'^2 = \beta'' . \tag{3}$$

In geographischer Hinsicht zeigen die $\beta$-Werte ein leichtes Absinken vom Norden nach dem Süden.

Die $\beta$-Werte sind abhängig vom Alter der Mutter ($x$) und von der Ordnungszahl der Geburt ($z$). Es gelten die Beziehungen[2])

$$\frac{\delta x}{\delta \beta} > 0 , \qquad \frac{\delta z}{\delta \beta} > 0 . \tag{4}$$

Weiter besteht die Beziehung [3]

$$\frac{\delta Z}{\delta \beta} > 0 ,\ ^{3)} \tag{5}$$

die zusammenhängt mit den Beziehungen[4])

$$\frac{\delta Z}{\delta \bar{x}} > 0 , \qquad \frac{\delta Z}{\delta \bar{z}} > 0 . \tag{5a}$$

Tabelle 1

*DDR*

| Jahr | $\alpha$ | Jahr | $\alpha$ | Jahr | $\alpha$ |
|---|---|---|---|---|---|
| 1946 | 0,331 | 1951 | 0,271 | 1956 | 0,321 |
| 1947 | 0,318 | 1952 | 0,295 | 1957 | 0,298 |
| 1948 | 0,328 | 1953 | 0,297 | 1958 | 0,281 |
| 1949 | 0,305 | 1954 | 0,302 | 1959 | 0,299 |
| 1950 | 0,288 | 1955 | 0,271 | 1960 | 0,338 |

Tabelle 2

*DBR*

| Jahr | $\alpha$ | Jahr | $\alpha$ | Jahr | $\alpha$ |
|---|---|---|---|---|---|
| 1950 | 0,277 | 1953 | 0,290 | 1956 | 0,310 |
| 1951 | 0,270 | 1954 | 0,283 | 1957 | 0,313 |
| 1952 | 0,280 | 1955 | 0,296 | 1958 | 0,301 |
| | | | | 1959 | 0,324 |

Für $\alpha$ und $\beta$ besteht nach internationalem bevölkerungsstatistischem Material die Beziehung

$$\frac{\delta \beta}{\delta \alpha} < 0 . \tag{6}$$

Die Beziehungen (4), (5) und (6) wirken sich in der Gesamtheit der $\alpha$-Werte aus. In der Tabelle stellen wir die $\alpha$-Werte der deutschen Statistik zusammen. In der Gesamtheit der $\alpha$-Werte des Reichsgebietes bilden wir die beiden Zeiträume (s. Tab. 3)

$$1901-1923 \quad (\bar{\alpha} = 0{,}249),$$

$$1924-1939 \quad (\bar{\alpha} = 0{,}286).$$

Der Unterschied der Mittelwerte ist signifikant, was wir mittels des $\sigma$-Differenzverfahrens geprüft haben. Eine Erklärung für die Erhöhung von $\alpha$ liefern die Beziehungen (4) und (6). Es

[1]) F. VOGEL, a. a. O., S. 236.

[2]) F. VOGEL, a. a. O., S. 237.

[3]) F. PRINZING, a. a. O., S. 79 ff.

[4]) F. PRINZING, a. a. O., S. 20 ff.

Tabelle 3

*Reichsgebiet* (ehem. deutsch)

| Jahr | α | Jahr | α | Jahr | α |
|---|---|---|---|---|---|
| 1901 | 0,251 | 1913 | 0,253 | 1925 | 0,285 |
| 1902 | 0,247 | 1914 | 0,244 | 1926 | 0,290 |
| 1903 | 0,244 | 1915 | 0,254 | 1927 | 0,291 |
| 1904 | 0,244 | 1916 | 0,248 | 1928 | 0,283 |
| 1905 | 0,255 | 1917 | 0,233 | 1929 | 0,293 |
| 1906 | 0,233 | 1918 | 0,260 | 1930 | 0,300 |
| 1907 | 0,241 | 1919 | 0,235 | 1931 | 0,280 |
| 1908 | 0,245 | 1920 | 0,249 | 1932 | 0,288 |
| 1909 | 0,250 | 1921 | 0,266 | 1933 | 0,292 |
| 1910 | 0,249 | 1922 | 0,268 | 1934 | 0,304 |
| 1911 | 0,246 | 1923 | 0,256 | 1935 | 0,288 |
| 1912 | 0,254 | 1924 | 0,268 | 1936 | 0,267 |
| | | | | 1937 | 0,292 |
| | | | | 1938 | 0,270 |
| | | | | 1939 | 0,288 |

Tabelle 4

*Sachsen*

| Jahr | α | | |
|---|---|---|---|
| | insges. | eh. | n. eh. |
| 1926 | 0,281 | | |
| 1927 | 0,362 | | |
| 1928 | 0,296 | | |
| 1929 | 0,384 | 0,381 | 0,399 |
| 1930 | 0,311 | 0,318 | 0,277 |
| 1931 | 0,385 | 0,398 | 0,324 |
| 1932 | 0,291 | 0,285 | 0,318 |
| 1933 | 0,263 | 0,244 | 0,344 |
| 1934 | 0,330 | 0,315 | 0,388 |
| 1935 | 0,270 | 0,269 | 0,278 |
| 1936 | 0,245 | 0,246 | 0,228 |
| 1937 | 0,308 | 0,317 | 0,224 |

vermindert sich die Zahl der Geburten bei hohen $x$- und $z$-Werten. Auf Grund der Beziehung (4) gehen dadurch die $\beta$-Werte zurück. Dieses Zurückgehen von $\beta$ bewirkt nach (6) ein Ansteigen von $\alpha$. Aus der Tabelle geht weiter hervor, daß der soziometrische Faktor „ehelich, nicht ehelich" vermutlich keinen Einfluß auf $\alpha$ hat. Dies ergibt sich mittels des $\sigma$-Differenzverfahrens.

## 2. Die Sexualproportion bei der Geburt

Für das Problem der Erhöhung von $p_1$ in Kriegs- und Nachkriegsjahren entwickeln wir im Rahmen der Humangenetik die drei Beziehungen

$$\frac{\delta F}{\delta p_1} < 0 \quad (F = \text{Fehlgeburtenhäufigkeit}) \tag{7}$$

siehe Anmerkung 1,

$$\frac{\delta E}{\delta p_1} < 0 \quad (E = \text{Ernährungslage, Plosssche Ernährungshypothese}), \tag{8}$$

$$\frac{\delta B}{\delta p_1} > 0 \quad (B = \text{Beweglichkeit der } Y\text{-Spermien}) \tag{9}$$

siehe Anmerkung 2.

Die ersten beiden Beziehungen liefern sofort eine Erklärung für das Phänomen der Erhöhung von $p_1$. Für die dritte Beziehung benötigen wir noch drei Hypothesen.

1. Hypothese[1]) Die kleineren $Y$-Spermien bewegen sich schneller zum Ei hin als die größeren $X$-Spermien, also $p_1 > p_2$.
2. Hypothese[1]): Die kleineren $Y$-Spermien durchdringen die Schicht um das Ei leichter als die größeren $X$-Spermien.
3. Hypothese [4]: $\frac{\delta B}{\delta P} > 0$ ($P$ = Zeugungspause des Mannes). Bei größerem $P$ ist die Geschwindigkeit der $Y$-Spermien größer als bei kleinerem $P$. Mit der dritten Hypothese steht die Erfahrungstatsache in Einklang.

$$\tau_Z = \tau_{\max p_1}, \tag{10}$$

d. h., der Zeitpunkt $\tau_Z$ für den Anstieg von $Z$ fällt zusammen mit dem Zeitpunkt des Maximums von $p_1$.

### 3. Übersterblichkeit der Knaben im ersten Lebensjahr

Dieses Problem erfassen wir mittels der Sterbenswahrscheinlichkeit $q_i^k$ für das Geschlecht $i$ und die Legitimität $k$. Wir setzen die Differentialgleichung an

$$dq_i^{(k)} = a_i^{(k)} q_i^{(k)} d\tau \qquad \begin{array}{l} i = 1 \text{ (männl.)} \\ i = 2 \text{ (weibl.)} \\ k = 1 \text{ (ehelich)} \\ k = 2 \text{ (nicht ehelich)} \end{array} \tag{11}$$

und erhalten

$$\frac{q_1^{(k)}}{[q_2^{(k)}]^{\hat{a}^{(k)}}} = C^{(k)}, \quad \hat{a}^{(k)} = \frac{a_1^{(k)}}{a_2^{(k)}}. \tag{12}$$

Für die Integrationskonstante $C^{(k)}$ und für $\hat{a}^{(k)}$ stellen wir auf Grund der internationalen Bevölkerungsstatistik [5] mittels der Methode der kleinsten Quadrate die folgende Beziehung fest:

$$1 < C^{(2)} < C^{(1)} < 2, \tag{13}$$

$$0 < \hat{a}^{(1)} < \hat{a}^{(2)} < 1. \tag{14}$$

Aus (13) und (14) ergibt sich

$$\frac{q_2^{(2)}}{q_2^{(1)}} > \frac{q_1^{(2)}}{q_1^{(1)}}. \tag{15}$$

Diese für die Bevölkerungsstatistik wichtige Beziehung scheint allgemeine Gültigkeit zu haben.

#### Literatur

[1] Verschuer, O. v., Genetik des Menschen, Lehrbuch der Humangenetik. München—Berlin 1959.

[2] Vogel, F., Lehrbuch der allgemeinen Humangenetik. Berlin 1961.

[3] Prinzing, F., Handbuch der medizinischen Statistik. Jena 1931.

[4] Burkhardt, F., Beiträge zur Statistik der Mortalitätsunterschiede zwischen den beiden Geschlechtern. Metron VI, N. 3—4, S. 24 ff.

[5] Burkhardt, F., Dynamische und statische Relationen in der Mortalitätsstatistik des ersten Lebensjahres. Bulletin de l'Institut International de Statistique **XXXVII**, 2e Livraison, Bruxelles (1960) 413 ff.

[1]) O. v. Verschuer, a. a. O., S. 68.

# Stochastische Prozesse über vorgegebenen Mengenfamilien

von St. Claus

Deutsche Akademie der Landwirtschaftswissenschaften zu Berlin,
Institut für Pflanzenzüchtung, Quedlinburg

## 1. Vorbemerkung

Die Untersuchungen gründen sich auf Experimente, die dem Studium des Wachstums bestimmter Kulturpflanzen in Abhängigkeit von den witterungsbedingten Umwelteinflüssen gewidmet sind. Der Wachstumsvorgang mehrerer Einzelpflanzen oder eines Pflanzenbestandes wird in bezug auf ein Merkmal als ein stochastischer Prozeß gedeutet. Die Realisierungen des Prozesses sollen den individuellen Wachstumsverläufen der Pflanzen entsprechen. Die Witterungseinflüsse, denen die Pflanzen ausgesetzt sind, werden experimentell durch eine Familie von Mengen erfaßt. Über dieser durch das Experiment gegebenen Mengenfamilie wird der stochastische Prozeß betrachtet. Jede Veränderliche des stochastischen Prozesses wird als eine gewisse zufällige Mengenfunktion im Prékopaschen Sinne gedeutet (Prékopa [4]). Die Experimente legen es nahe, von vornherein für die Veränderlichen des Prozesses zufällige Integrale anzusetzen. (Prékopa [5, 6]). Dadurch lassen sich die verschiedenartigen Wirkungen der wechselnden Witterungseinflüsse berücksichtigen, die ja für das Pflanzenwachstum förderlich oder hinderlich sein können. So aufgefaßt, erscheinen die Integranden der zufälligen Integrale als „Gewichtsfunktionen", welche die Wachstumsintensität der Pflanzen bei gegebener Witterungskonstellation charakterisieren.

Die mögliche Struktur eines solchen Prozesses soll aufgeklärt werden. Was kann über die Zuwächse des stochastischen Prozesses und über seine Realisierungen ausgesagt werden? Welche Verteilungen sind für die einzelnen Veränderlichen des Prozesses denkbar?

## 2. Definition des stochastischen Prozesses

Neben dem Wahrscheinlichkeitsraum $(\Omega, \Sigma, P)$ sei ein Maßraum $(X, \mathfrak{A})$ zugrunde gelegt. Für die Anwendungen ist die nicht leere Menge $X$ der Raum aller möglichen Witterungseinflüsse und $\mathfrak{A}$ eine $\sigma$-Algebra von Teilmengen der Menge $X$. Auf dem Raume $(X, \mathfrak{A})$ sind alle zufälligen Mengenfunktionen erklärt. Generell wird die Existenz des Erwartungswertes und der Varianz jeder zufälligen Mengenfunktion vorausgesetzt. Für die zufällige Mengenfunktion $\xi(\omega, A)$, $\omega \in \Omega$, $A \in \mathfrak{A}$, gilt dann

$$E(\xi(\omega, A)) = \mu_1(A),$$

$$D^2(\xi(\omega, A)) = \mu_2(A).$$

(Das Argument $\omega$ wird im folgenden immer weggelassen.)

Über dem abgeschlossenen Zeitintervall $T$ bezeichne $\{A_t, t \in T, A_t \in \mathfrak{A}\}$ eine vorgegebene Familie von Mengen aus der $\sigma$-Algebra $\mathfrak{A}$. Es sei $\{f_t(x), t \in T, x \in X\}$ eine Familie reeller meßbarer Funktionen auf $X$, die sämtlich für alle $A \in \mathfrak{A}$ quadratisch integrierbar in bezug auf die Maße $|\mu_1|$ und $\mu_2$ sind. Dann wird durch die zufälligen Integrale

$$\chi_t(A_t) = \int_{A_t} f_t(x)\, d\xi(x), \quad t \in T,$$

ein stochastischer Prozeß $\{\chi_t(A_t),\ t \in T\}$ von zweiter Ordnung (Loève [3]) definiert, dessen Covarianzfunktion $\Gamma(t, s)$ auf $T \times T$ durch

$$\Gamma(t, s) = \int_{A_t \cap A_s} f_t(x) \cdot f_s(x)\, d\mu_2(x)$$

gegeben ist.

Erfüllen die beiden Familien $\{A_t,\ t \in T\}$ und $\{f_t,\ t \in T\}$ geeignete Stetigkeitsbedingungen (in bezug auf die Maße $|\mu_1|$ und $\mu_2$), so gilt folgender Satz.

Satz 1. Der stochastische Prozeß $\{\chi_t(A_t),\ t \in T\}$ ist im quadratischen Mittel stetig.

Ein analoger Satz über die Differenzierbarkeit des Prozesses im quadratischen Mittel gilt nicht.

### 3. Eigenschaften des stochastischen Prozesses

Aus den genannten Experimenten ist zu entnehmen, daß die Mengenfamilie $\{A_t,\ t \in T\}$ monoton nicht abnehmend ist:

$$A_{t_1} \subset A_{t_2} \quad \text{für} \quad t_1 \leqq t_2;\quad t_1, t_2 \in T .$$

Über jeder solchen Mengenfamilie $\{A_t,\ t \in T\}$ sind die einzelnen Veränderlichen des Prozesses mit Wahrscheinlichkeit 1 nicht negativ; außerdem erweist sich der Prozeß mit Wahrscheinlichkeit 1 als monoton nicht abnehmend. Diese beiden Forderungen an den stochastischen Prozeß $\{\chi_t(A_t),\ t \in T\}$ führen zusammen auf eine gewisse Monotoniebedingung für die Funktionenfamilie $\{f_t,\ t \in T\}$ modulo $|\mu_1|$. Wird zusätzlich verschärfend die Bedingung „modulo $|\mu_1|$" fallen gelassen, so kann der folgende Satz ausgesprochen werden.

Satz 2. Es gibt eine durch die Funktionenfamilie $\{f_t,\ t \in T\}$ eindeutig bestimmte disjunkte Zerlegung der Menge $X$

$$X = X^+ \cup X^\circ \cup X^-$$

dergestalt, daß für die Funktionen $f_t$ und die zufällige Mengenfunktion $\xi(A)$ gilt:

$$\begin{aligned} t \in T, \quad & f_t(x) \geqq 0,\ x \in X^+, & \xi(A) \geqq 0\ [P], \quad & A \in X^+ \cap \mathfrak{A}, \\ & f_t(x) = 0,\ x \in X^\circ, & \xi(A)\ \text{beliebig}, \quad & A \in X^\circ \cap \mathfrak{A}, \\ & f_t(x) \leqq 0,\ x \in X^-, & \xi(A) \leqq 0\ [P], \quad & A \in X^- \cap \mathfrak{A}. \end{aligned}$$

Folgerung 2.1. Ohne Beschränkung der Allgemeinheit darf in diesem Zusammenhang gesetzt werden:

$$\begin{aligned} & f_t(x) \geqq 0,\ x \in X,\ t \in T, \\ & f_{t_2}(x) \geqq f_{t_1}(x),\ x \in X,\ t_1 \leqq t_2;\ t_1, t_2 \in T, \\ & \xi(A) \geqq 0\ [P],\ A \in \mathfrak{A}. \end{aligned}$$

Folgerung 2.2. Das Maß $\mu_2$ ist absolut stetig in bezug auf das Maß $\mu_1$: $\mu_2 \ll \mu_1$.

Folgerung 2.3. Es lassen sich zwei Typen von Prozessen unterscheiden. Ein Prozeß vom Typ I wird durch die Bedingung

$$f_{t_1} = f_{t_2} = f\,[\mu_1],\quad t_1, t_2 \in T,$$

charakterisiert. Ein solcher Prozeß hat unabhängige Zuwächse. Ein Prozeß vom Typ II wird dadurch gekennzeichnet, daß für mindestens ein Indexpaar $t_1, t_2 \in T$, $t_1 < t_2$, eine Menge $A_{t_1}$ in der Mengenfamilie existiert mit $\mu_1(A_{t_1}) > 0$ und

$$f_{t_2} > f_{t_1}\,[\mu_1] \quad \text{auf} \quad A_{t_1}.$$

Es wird weiterhin verlangt, daß die zufällige Mengenfunktion $\xi(A)$ atomfrei sein soll. Nach Prékopa [6] folgt daraus die unbeschränkte Teilbarkeit des zu $\xi(A)$ gehörenden Verteilungsgesetzes. Außerdem erweisen sich dann die zufälligen Integrale.

$$\chi(A) = \int_A f(x)\, d\xi(x)$$

nach einem bei Prékopa [6] angegebenen Kriterium als atomfrei ($f$ bezeichne eine beliebige Funktion aus der Familie $\{f_t,\, t \in T\}$.) Es lassen sich deshalb die mit den zufälligen Mengenfunktionen $\xi(A)$ und $\chi(A)$ verknüpften charakteristischen Funktionen mit der Kolmogorovschen Formel kanonisch darstellen, und zwar nach dem bisher Dargelegten für $\xi(A)$ in der Gestalt

$$\log f_\xi(\tau, A) = i\,\tau\,\mu_1(A) + \int_0^\infty (e^{i\tau z} - 1 - i\,\tau\, z)\frac{1}{z^2}\, d\,K_\xi(z, A)\,, \qquad A \in \mathfrak{A}, \qquad -\infty < \tau < +\infty .$$

Ganz analog für $\chi(A)$ (Gnedenko [2]).

Über die Beziehung zwischen den Funktionen $K_\xi(z, A)$ und $K_\chi(z, A)$ in den kanonischen Darstellungen gibt der Satz 3 Auskunft.

Satz 3. Die Funktion $K_\chi(z, A)$ läßt sich als $\sigma$-additives Total

$$K_\chi(z, A) = \int_A f^2(x)\, K_\xi\left(\frac{z}{f(x)}, d\,A\right), \quad A \in \mathfrak{A}\,,$$

darstellen.

Folgerung 3.1. Für die Zuwächse des stochastischen Prozesses gelten entsprechende Beziehungen.

Für die in den Vorbemerkungen erwähnten Wachstumsprobleme erscheint es als notwendig, von der zufälligen Mengenfunktion $\xi(A)$ noch eine gewisse Transformationsinvarianz (Stationarität) zu fordern. Hierzu bezeichne jetzt $X$ vorübergehend einen Quader endlicher Kantenlänge in einem endlich dimensionalen euklidischen Raum, $\mathfrak{A}$ die $\sigma$-Algebra sämtlicher Borelscher Teilmengen von $X$. Dann soll sich die Verteilungsfunktion von $\xi(A)$ beim Übergang von einer Menge $A \in \mathfrak{A}$ zu einer kongruenten Menge $A' \in \mathfrak{A}$ nicht ändern. Dies zusätzlich vorausgesetzt, ergibt sich der folgende Satz.

Satz 4. Die in der kanonisch dargestellten charakteristischen Funktion von $\xi(A)$ auftretende Funktion $K_\xi(z, A)$ läßt sich in ein Produkt

$$K_\xi(z, A) = k(z) \cdot \mu_2(A)$$

zerlegen, worin $k(z)$ eine monoton nicht abnehmende Funktion bedeutet, die an der Stelle $z = 0$ stetig ist, dort verschwindet, und die außerdem die Bedingung

$$k(+\infty) = 1$$

erfüllt.

Folgerung 4.1. Die Produktdarstellung der Funktion $K_\xi(z, A)$ ermöglicht für die Funktion $K_\chi(z, A)$ den einfachen Ausdruck

$$K_\chi(z, A) = \int_A f^2(x)\, k\left(\frac{z}{f(x)}\right) d\mu_2(x)\,.$$

Folgerung 4.2. Einfache Beispiele für $\xi(A)$ sind die einer Poisson- oder $\Gamma$-Verteilung gehorchenden zufälligen Mengenfunktionen.

Es sei wieder $(X, \mathfrak{A})$ ein abstrakter Maßraum. Über die Realisierungen des Prozesses lassen sich folgende Sätze beweisen:

Satz 5. Der stochastische Prozeß $\{\chi_t(A_t),\ t \in T\}$ hat keine festen Unstetigkeitsstellen im Intervall $T$.

Und unter einer Zusatzbedingung über die Abhängigkeit der Mengenfunktion $\xi(\omega, A)$ von dem Argument $\omega$ (Prékopa [6]):

Satz 6. Der stochastische Prozeß $\{\chi_t(A_t),\ t \in T\}$ ist separabel.

Folgerung 6.1. Die Realisierungen des Prozesses sind mit Wahrscheinlichkeit 1 nicht negative und monoton nicht abnehmende Funktionen auf dem Intervall $T$. Die Unstetigkeiten selbst können nur Sprünge sein.

Folgerung 6.2. Da die Verteilung der Zuwachsgrößen nicht normal ist, können nicht fast alle Realisierungen der Prozesse vom Typ I über einer vorgelegten monotonen Mengenfamilie $\{A_t,\ t \in T\}$ stetig sein (Doob [1]).

Folgerung 6.3. Die bekannten Resultate (Doob [1]) über die Verteilung der Sprünge vorgegebener Mindesthöhe in den Realisierungen von Prozessen mit unabhängigen Zuwächsen lassen sich auf Prozesse vom Typ I übertragen.

## Literatur

[1] Doob, J. L., Stochastic Processes. New York 1953.
[2] Gnedenko, B. W., Lehrbuch der Wahrscheinlichkeitsrechnung. Berlin 1957.
[3] Loève, M., Probability Theory. Princeton 1955.
[4] Prékopa, A., Stochastic Set Functions I. Acta Math. Acad. Sci. Hung. 7 (1956) 215—263.
[5] Prékopa, A., Stochastic Set Functions II. Ebenda 8 (1957) 337—374.
[6] Prékopa, A., Stochastic Set Functions III. Ebenda 8 (1957) 375—400.

# Bemerkungen zum multiplen Mittelwertvergleich im Anschluß an die Varianzanalyse

von G. ENDERLEIN

Deutsche Akademie der Landwirtschaftswissenschaften zu Berlin,
Institut für Pflanzenzüchtung, Kleinwanzleben bei Magdeburg

Die Varianzanalyse ist ein Prüfverfahren, das auf den F-Test ausgerichtet ist. Der multiple Einzelvergleich der Mittelwerte ist jedoch ein allgemeines Begehren der Versuchsansteller. Die hierfür aufgestellten Tests (Test von SCHEFFÉ, Tests von TUKEY, NEWMAN-KEULS-Test, DUNCAN-Test, Multiplert-Test u. a.) sind in ihren Konsequenzen extrem gegensätzlich. An Hand plausibler Modellvorstellungen wird versucht, Hinweise für die Wahl zwischen diesen Tests zu geben.

Ferner wird eine Verbesserung der Testverfahren beim multiplen Vergleich von Behandlungen mit einer Kontrolle angegeben und verteilungsfreie Tests zum multiplen Mittelwertvergleich werden untersucht.

(Die Arbeit erschien 1963 als Dissertation.)

# Zur Approximation durch Poissonsche Verteilungen

von P. Franken

Deutsche Akademie der Wissenschaften zu Berlin,
Institut für Angewandte Mathematik und Mechanik

0. Es seien $\xi_1, \ldots, \xi_n$ unabhängige nichtnegative ganzzahlige Zufallsgrößen und

$$\eta = \xi_1 + \cdots + \xi_n .$$

Wir setzen

$P(k) = P(\eta = k)$ ,

$a = M\eta$ ,

$\Psi_a(\varkappa) = \frac{a^\varkappa}{\varkappa!} e^{-a}$ — die Poissonsche Verteilung mit dem Parameter $a$,

$F_{jr} = M\{\xi_j(\xi_j - 1)\ldots(\xi_j - r + 1)\}$ — das $r$-te faktorielle Moment von $\xi_j$.

Sind $P(k)$ und $Q(k)$ Funktionen von beschränkter Variation auf der Menge $\{0, 1, \ldots\}$, so sei

$$\varrho(P, Q) = \max_x \left| \sum_{\varkappa < X} P(\varkappa) - \sum_{\varkappa < X} Q(\varkappa) \right| .$$

1. Wir beginnen mit einer Abschätzung für $\varrho(P, \Psi_a)$. In der Literatur ist diese Frage im wesentlichen nur für

$$\xi_j = \begin{cases} 0 \text{ mit der Wahrscheinlichkeit } 1 - p_j , \\ 1 \text{ mit der Wahrscheinlichkeit } p_j \end{cases}$$

untersucht worden. L. Le Cam [1] bewies für diesen Spezialfall die Abschätzungen

$$\bar{\varrho}(P, \Psi_a) \leqq 2 \sum_{j=1}^n P_j^2 \tag{1}$$

$$\bar{\varrho}(P, \Psi_a) \leqq D \frac{\sum_{j=1}^n p_j^2}{\sum_{j=1}^n p_j}, \qquad D < 16 \quad \left(\max_j p_j \leqq \frac{1}{4}\right). \tag{2}$$

Dabei ist

$$\bar{\varrho}(P, \Psi) \leqq \sum_{\varkappa=0}^{\infty} |P(\varkappa) - \Psi_a(\varkappa)| .$$

Die nachstehende Behauptung stellt eine Verallgemeinerung des Le Camschen Ergebnisses (allerdings für den schwächeren Abstand $\varrho$) dar.

Satz 1. Besitzen die unabhängigen Zufallsgrößen $\xi_1, \ldots, \xi_n$ endliche zweite Momente, so gelten die Abschätzungen

$$\varrho(P, \Psi_a) \leqq \frac{2}{\pi} \sum_{j=1}^n (F_{j1}^2 + F_{j2}) , \tag{1'}$$

$$\varrho(P, \Psi_a) \leqq \left(1 + \frac{Q}{\pi}\right) \frac{1}{a} \cdot \sum_{j=1}^n{}' (F_{j1}^2 + F_{j2}) \tag{2'}$$

mit

$$Q = \begin{cases} \max_j \exp\left(\frac{F_{j1}}{F_{j1}^2 + F_{j2}}\right), \text{ falls } \frac{F_{j1}}{F_{j1}^2 + F_{j2}} \leqq 2 \\ \max_j \exp(F_{j1} - F_{j1}^2 - F_{j2}) \text{ sonst.} \end{cases}$$

Im allgemeinen ist $Q \leqq 1{,}9$. Für den Fall der 0,1-Summanden erhalten wir aus (2′) die Abschätzung

$$\varrho(P, \Psi_a) \leqq 0{,}6 \frac{\sum_{j=1}^{n} p_j^2}{\sum_{j=1}^{n} p_j} .$$

2. Sowohl vom theoretischen Standpunkt als auch vom Standpunkt einiger Aufgaben aus den Anwendungen (s. 3) ist es von Interesse, eine Entwicklung

$$P(\varkappa) \sim \Psi(\varkappa) + \sum_{\nu=1}^{\infty} B_\nu(\varkappa) \tag{3}$$

zu finden derart, daß die Größen

$$\varrho_m = \varrho\left(P, \Psi + \sum_{\nu=1}^{m-1} B_\nu\right)$$

eine mit $m$ fallende Größenordnung besitzen.

Diese Frage ist von B. I. Grigelionis [2] und vom Verfasser [3] untersucht worden. Es stellt sich heraus, daß die für einen Spezialfall in [3] abgeleitete asymptotische Entwicklung für $P(k)$ auch im allgemeinen Fall angewendet werden kann. In dieser Entwicklung sind $B_\nu(k)$ gewisse Linearkombinationen der endlichen Differenzen $\Psi_r(\varkappa)$ von $\Psi(k)$, und die Reihe (3) ergibt sich aus der Charlier-Reihe vom Typ B der Verteilung $P(k)$.

Für die erste Näherung bekommt man den folgenden

**Satz 2.** Besitzen die unabhängigen Zufallsgrößen $\xi_1, \ldots, \xi_n$ endliche dritte Momente, so gilt die Abschätzung

$$\varrho\left(P, \Psi_a + \frac{1}{2!}\sum_{j=1}^{n}(F_{j2} - F_{j1}^2)\,\Psi_2\right) \leqq \frac{1}{3} D_1 + \frac{4}{9\pi} D_2 + \frac{4}{9\pi} D_3 + 0{,}1\, D_4 + \frac{1}{3\pi} D_5 .$$

Dabei ist

$$\Psi_2(\varkappa) = \Psi_a(\varkappa) - 2\,\Psi_a(\varkappa - 1) + \Psi(\varkappa - 2)\,,$$

$$D_1 = \sum_{j=1}^{n}(F_{j3} + 2F_{j1}^3 + 3F_{j2}F_{j1}), \qquad D_2 = \sum_{j=1}^{n}(3F_{j1}^2 F_{j2} + F_{j1}^4)\,,$$

$$D_3 = \sum_{i,j}{}'(F_{j2}F_{i2} + 2F_{i2}F_{j1}^2 + F_{i1}^2 F_{j1}^2)\,,$$

$$D_4 = \sum_{i,j}{}'(2F_{j2}F_{i2}F_{j1} + 2F_{i2}F_{i1}F_{j1}^2 + F_{i2}F_{j1}^2 + F_{i1}^3 F_{j1}^2)\,,$$

$$D_5 = \sum_{i,j,k}{}''(F_{i2}F_{j2}F_{k2} + 3F_{j2}F_{i2}F_{k1}^2 + 3F_{i2}F_{j1}^2F_{k1}^2 + F_{i1}^2F_{j1}^2F_{k1}^2)\,^{1)} .$$

Man kann hier auch eine zu (2′) analoge Abschätzung beweisen.

Nehmen die $\xi_j$ nur die Werte 0 oder 1 mit den Wahrscheinlichkeiten $1 - p_j$ bzw. $p_j$ an, so gelten die Abschätzungen

$$\varrho_m \leqq C_m \left(\max_j p_j\right)^m ,$$

wobei $C_m$ gewisse Konstanten sind. Diese Abschätzungen stellen eine weitere Verallgemeinerung von (2) dar.

Eine ausführliche Darstellung der behandelten Probleme findet man in der Dissertationsarbeit des Verfassers [4].

---

1) $\sum'_{i,j}$ bedeutet die Summation über $i, j = 1, \ldots, n;\ i \neq j$.

$\sum''_{i,j,k}$ bedeutet die Summation über alle paarweise verschiedenen $i, j, k = 1, \ldots, n$.

Bemerkung. Vor kurzem ist von J. KERSTAN eine Verallgemeinerung des Satzes 1 auf den Abstand in Variation $\bar{\varrho}$ bewiesen worden. Außerdem erhielt KERSTAN eine Abschätzung für $\bar{\varrho}(P, \Psi_{\bar{a}})$ mit $\bar{a} = \sum_{j=1}^{n} P(\xi_j = 1)$, die eine Geschwindigkeitsabschätzung für den bekannten POISSONschen Grenzwertsatz von B. W. GNEDENKO darstellt. Diese Sätze werden in [5] veröffentlicht.

**3.** In der Bedienungstheorie tritt oft das Problem der Approximation von Überlagerungen unabhängiger zufälliger Prozesse mit nichtnegativen ganzzahligen Zuwächsen auf. Die in 1 und 2 dargelegten Ergebnisse für Summen unabhängiger Zufallsgrößen können hierfür vom Nutzen sein. Im allgemeinen muß man hier Summen von unabhängigen zufälligen Vektoren mit nichtnegativen ganzzahligen Komponenten betrachten. Einige neue Resultate in dieser Hinsicht findet man in [6].

## Literatur

[1] LE CAM, L., An approximation theorem for the Poisson binomial distribution. Pacif. J. Math. **10** (1960).

[2] Тригелионис, Б.И., Об асимптотическом разложении остаточного члена в случае сходимости к закону Пуассона Теория вер. и прим. (im Druck).

[3] Франкен, П., Уточение предельной теоремы для суперпозиции процессов восстановления. Теория вер. и прим. (im Druck).

[4] FRANKEN, P., Approximation der Verteilungen von Summen unabhängiger nichtnegativer ganzzahliger Zufallsgrößen durch Poissonsche Verteilungen. Math. Nachrichten (im Druck).

[5] KERSTAN, J., Verallgemeinerung eines Satzes von Prochorov und Le Cam.

[6] FRANKEN, P., Approximation durch Poissonsche Prozesse. Math. Nachrichten (im Druck).

# Der Straßenverkehr als Anwendungsgebiet der mathematischen Statistik

von H. Glissmeyer

VE Projektierungsbetrieb für Autobahnen, Berlin

## Zusammenfassung des Filmberichtes

Der Straßenverkehr hat sich in den letzten Jahrzehnten zu einer typischen Massenerscheinung entwickelt und erfordert zum zweckmäßigen Ausbau des Straßennetzes eine möglichst exakte wissenschaftliche Untersuchung vorhandener Gesetzmäßigkeiten. Diese Untersuchungen erstrecken sich im wesentlichen auf zwei Aufgabengebiete im Straßenverkehr (oder im Verkehr überhaupt), deren Erscheinungsformen man in bezug auf den Gegenstand der Forschung klar trennen kann. Es handelt sich dabei um sogenannte „äußere“ und „innere“ Gesetzmäßigkeiten. Unter den äußeren Gesetzmäßigkeiten versteht man dabei die Verkehrsursachenforschung, also die Beziehungen zwischen Verkehr und Produktion, territorialer und demographischer Struktur, sowie weiterer technisch-ökonomischer Bedingungen, die im gesamtverkehrlichen Maßstab u. a. Grundlagen für den Einsatz der Verkehrsmittel sind.

Anwendung finden solche Untersuchungen in der Gebiets- und Stadtplanung, bei der Standortbestimmung verkehrsintensiver Objekte und in der großräumigen Verkehrsplanung.

Auf der Basis einiger allgemeingültiger Gesetze (modifiziertes Gravitationsgesetz, Widerstandsgesetz) müssen aus den gegebenen Verhältnissen die Unterlagen mathematisch-statistisch gewonnen, aufbereitet und schließlich als Faktoren in die Berechnung eingegeben werden. Für eine Reihe von Fällen sind bereits solche Untersuchungen bei Einsatz modernster Rechentechnik durchgeführt worden.

Die „inneren“ Gesetzmäßigkeiten des Straßenverkehrs betreffen im wesentlichen den Verkehrsablauf einschließlich seiner Komponenten. Dieses Arbeitsgebiet ist in noch größerem Maße der mathematischen Statistik vorbehalten als die Verkehrsursachenforschung. Besonders der Verkehrsablauf mit seiner Dynamik hat in der jüngeren Vergangenheit nicht unbeträchtlich zur Entwicklung moderner Betrachtungsweisen, vor allem in wahrscheinlichkeitstheoretischer Hinsicht, beigetragen. Die Vielseitigkeit der Verkehrssituationen wurde mit einigen Filmszenen vom Verkehrsablauf auf Berliner Straßen demonstriert.

Die klassische Deutung des Straßenverkehrsablaufes erfolgte mit Hilfe des Poisson-Prozesses. Dabei wird folgender Modellfall zugrunde gelegt:

Der Verkehrsablauf wird an einem festen Querschnitt der Straße beobachtet, der nicht im Bereich von Straßenkreuzungen und Einmündungen liegt – also keine von vornherein übersehbaren Einflüsse des ein- und abbiegenden Verkehrs aufweist.

Ferner muß der Verkehrsablauf folgende Bedingungen erfüllen, wenn die Voraussetzungen einer Zufallsverteilung gegeben sein sollen [1]:

a) Die zeitlichen Abstände der Fahrzeuge sind voneinander unabhängig.

b) Die räumlichen Abstände der Fahrzeuge beeinflussen einander nicht.

c) Die Geschwindigkeiten der Fahrzeuge sind unabhängig von den zeitlichen und räumlichen Abständen.

Unter den genannten Voraussetzungen (stationärer homogener Verkehr) folgen die zeitlichen und räumlichen Fahrzeugabstände einer Poisson-Verteilung.

Nun wird dieser Zustand des „freien“ Verkehrs in der Praxis nur bei kleinen Spurbelegungen erreicht, d. h. bei geringem Verkehrsaufkommen. Das aber ist verkehrstechnisch ein relativ uninteressanter Zustand, da die Schwierigkeiten im Verkehrsablauf in der Regel erst bei höheren Belegungen auftreten und dann einen erheblichen Einfluß auf die Gestaltung des Verkehrsweges auszuüben beginnen.

Die entsprechende Grenzform des weitgehend verdichteten Verkehrs heißt gebundener Verkehr und kommt dem Kolonnenverkehr nahe.

Die realen Verkehrsformen sind mathematisch als Mischung der beiden Grenzformen anzusehen. Für ihre Deutung ist es in der Anwendung der „statischen“ Betrachtungsweisen still geworden. Nachdem einige Arbeiten die Abweichungen von der POISSON-Verteilung als „Störungen“ definiert sehen wollten, geht man in jüngster Vergangenheit zur räumlichen Betrachtung des Verkehrsablaufes über. Diese mathematischen Modelle betrachten den Verkehr als Dichtewellen oder suchen in dem Überholvorgang eine typische verallgemeinerungsfähige Maßeinheit.

Interessant sind in diesem Zusammenhang die festgestellten Beziehungen zwischen Verkehrsmenge (Querschnittsbetrachtung) und der Verkehrsdichte (räumliche Betrachtung), die der fundamentalen Kontinuitätsgleichung folgen [2].

Die in diesem Kurzvortrag gegebene Übersicht sollte vor allen Dingen dazu beitragen, eine Reihe junger Mathematiker für dieses auch vom mathematischen Standpunkt interessante Wissensgebiet zu gewinnen, denn keine andere mathematische Wissenschaft ist wie die mathematische Statistik so prädestiniert, eine echte Verbindung zwischen Praxis und wissenschaftlicher Arbeit zu bilden.

### Literatur

[1] EGERT, Straßenverkehr als Aufgabe theoretischer Grundlagenforschung. Straße und Autobahn, Bad Godesberg **13** (1962) 5.

[2] LEUTZBACH, Verkehrsmenge, Verkehrsdichte und Geschwindigkeit. Straße und Autobahn, Bad Godesberg **13** (1962) 4.

# Über einige stochastische Prozesse, die zum Aufstellen mathematischer Modelle geeignet sind

von H. Grimm

Deutsche Akademie der Wissenschaften zu Berlin,
Institut für Mikrobiologie und experimentelle Therapie, Jena

Bei der tieferen Erforschung von Zusammenhängen in Natur und Gesellschaft verwendet man mit Vorteil mathematische Modelle. Den Naturbeobachtungen wird hierbei eine abstrakte mathematische Formulierung zugeordnet, bei der man unter Ausschaltung der nebensächlichen Erscheinungen nur die wesentlichen Beziehungen herausstellt. Je einfacher das Modell ist, um so leichter läßt es sich mathematisch behandeln. Zunächst hat man zu prüfen, ob das Modell den Verhältnissen der Wirklichkeit auch gerecht wird. Das Ziel ist: Voraussagen zu machen und Entscheidungen zu treffen über weitere Versuche und über notwendiges Verhalten. Ein weiterer Vorteil ist, daß man mit und an dem Modell alle Grenzlagen und -verhalten ohne große Unkosten und ohne Gefahren ausprobieren kann.

Während man in der klassischen Physik meist mit deterministischen Ansätzen auskam, spielen in Biologie, Medizin und Gesellschaft weitgehend Zufallselemente herein, die man mit stochastischen Prozessen erfassen kann. Die Literatur über dieses Gebiet ist umfangreich. Hier sei nur auf drei Monographien hingewiesen, die zahlreiche Literaturhinweise geben: [1, 3, 5].

Vom rein mathematischen Standpunkt kann man einen stochastischen Prozeß als Familie von Zufallsvariablen $x(t)$ definieren, die von einem Parameter $t$ abhängig sind oder als Wahrscheinlichkeitsverteilung in einem gewissen Funktionenraum $x(t)$, wobei $t$ nicht unbedingt Zeit bedeutet, sondern auch für Punkte im Raum stehen kann. $x(t)$ kann reell oder komplex sein oder ein Vektor in einem bestimmten Raum. Um einen stochastischen Prozeß passend definieren zu können, fordern wir noch, daß die Wahrscheinlichkeitsverteilung von $x(t)$ für jedes feste $t$ aus der Parametermenge $T$ definiert ist. Ferner muß die gemeinsame Verteilung jedes Paares $x(t_1)$, $x(t_2)$ bzw. jedes $n$-Tupels von Zufallsvariablen $x(t_1), \ldots, x(t_n)$ bekannt sein.

Aus der Vielzahl der bisher bekannten stochastischen Prozesse werden im Folgenden einige markante herausgegriffen, die beim Vergleich der Wirksamkeit von Antibiotika verwendet werden, aber auch bei der Untersuchung von Epidemien. Sie gehören alle zum sogenannten Markoffschen Typ.

1. Der einfachste diskontinuierliche Prozeß ist der Poisson-Prozeß, mit ihm stellt man Zufallsereignisse in Raum oder Zeit dar. Um die Differenzen- bzw. Differentialgleichungen aufstellen zu können, macht man folgende Annahmen:
   a) die Wahrscheinlichkeit für *ein* Ereignis im Intervall $(t, t + \Delta t)$ sei $\lambda\, \Delta t + o(\Delta t)$, wobei $\lambda$ eine positive Konstante ist,
   b) die Wahrscheinlichkeit für kein Ereignis in diesem Intervall ist $1 - \lambda\, \Delta t + o(\Delta t)$,
   c) die Wahrscheinlichkeit für zwei und mehr Ereignisse ist $o(\Delta t)$.

   Es sei $P_x = \{X(t) = x\}$, $x = 0, 1, 2, \ldots$.

Man erhält

$$P_x(t + \Delta t) = (1 - \lambda\, \Delta t)\; P_x(t) + \lambda\, P_{x-1}(t)\, t + o(\Delta t)\,. \tag{1}$$

Mit den Anfangsbedingungen

$$P_x(0) = 1 \quad \text{für } x = 0\,,$$
$$P_x(0) = 0 \quad \text{für } x = 1, 2, \ldots$$

erhält man als Lösung die POISSON-Verteilung

$$P_x(t) = \frac{(\lambda t)^x}{x!} e^{-\lambda t}.$$

2. Der reine *Geburtsprozeß* läßt sich aus dem POISSON-Prozeß leicht ableiten: Die Wahrscheinlichkeit für ein Ereignis im Intervall $(t, t + \Delta t)$ ist eine Funktion des Zustandes zur Zeit $t$, und wir erhalten

$$P_x(t + \Delta t) = (1 - \lambda_x \Delta t)\, P_x(t) + \lambda_{x-1}\, P_{x-1}(t)\, \Delta t + o(\Delta t). \tag{2}$$

Mit den Anfangsbedingungen

$$P_x(0) = \delta_{x,i} = 1 \quad \text{für } x = i,$$
$$P_x(0) = \delta_{x,i} = 0 \quad \text{für } x \neq i$$

und unter der Annahme eines linearen Prozesses mit

$$\lambda_x = \lambda x \quad (x, \lambda > 0)$$

erhält man die YULE-FURRY-Verteilung

$$P_x(t) = e^{-\lambda t} (1 - e^{-\lambda t})^{x-1}.$$

3. Den einfachen *Absterbeprozeß* erhält man, indem man in (2) für $\lambda_x$ die Sterberate $\mu_x$ einsetzt und beachtet, daß man jetzt vom Zustand $x$ in den Zustand $x - 1$ bzw. von $x + 1$ in $x$ übergeht. Man erhält

$$P_x(t + \Delta t) = (1 - \mu_x \Delta t)\; P_x(t) + \mu_{x+1}\, P_{x+1}(t)\, \Delta t + o(\Delta t). \tag{3}$$

Für den linearen Prozeß mit den Anfangsbedingungen

$$P_x(0) = \delta_{x,x_0} = 1 \quad \text{für } x = x_0 > 1,$$
$$P_x(0) = \delta_{x,x_0} = 0 \quad \text{für alle übrigen}$$

ergibt sich die Verteilung

$$P_x(t) = \binom{x_0}{x} e^{-x_0 \mu t} (e^{-\mu t} - 1)^{x_0 - x}, \quad 0 \leqq x \leqq x_0$$

mit Mittelwert

$$E\{X(t)\} = x_0\, e^{-\mu t}$$

und Varianz

$$D^2\{X(t)\} = x_0\, e^{-\mu t} (1 - e^{-\mu t}).$$

4. Der *Geburts- und Absterbeprozeß* ist eine Zusammensetzung der beiden vorangehenden, also

$$P_x(t + \Delta t) = [1 - (\lambda_x + \mu_x)\, \Delta t]\; P_x(t) + \lambda_{x-1}\, P_{x-1}(t)\, \Delta t + \mu_{x+1}\, P_{x+1}(t)\, \Delta t + o(\Delta t) \tag{4}$$

mit den Lösungen

$$P_x(t) = [1 - \alpha(t)]\,[1 - \beta(t)]\,[\beta(t)]^{x-1}, \quad x = 1, 2, \ldots,$$
$$P_0(t) = \alpha(t),$$

wobei

$$\alpha(t) = \frac{\mu\,(e^{(\lambda-\mu)t} - 1)}{\lambda\, e^{(\lambda-\mu)t} - \mu} \quad \text{und} \quad \beta(t) = \frac{\lambda\,(e^{(\lambda-\mu)t} - 1)}{\lambda\, e^{(\lambda-\mu)t} - \mu}.$$

5. Der POLYA-*Prozeß* ist ein nichtstationärer Geburtsprozeß mit der Geburtsrate

$$\frac{1 + \sigma x}{1 + \sigma \lambda t},$$

wobei $\sigma$ der Ansteckungsparameter ist.

Man erhält

$$P_0\,(t + \Delta t) = - \frac{\sigma}{1 + \sigma \lambda t}\, P_0(t)\, \Delta t + o(\Delta t)$$

und

$$P_x(t + \Delta t) = \frac{1 + \sigma\,(x - 1)}{1 + \sigma \lambda t}\, P_{x-1}(t)\, \Delta t - \lambda \frac{1 + \sigma x}{1 + \sigma \lambda t}\, P_x(t)\, \Delta t + o(\Delta t)$$

und die Verteilung

$$P_x(t) = \frac{(\lambda t)^x}{x!} (1 + \sigma \lambda t)^{-x-1/\sigma} \prod_{i=1}^{x-1} (1 + i \sigma)$$

mit Mittelwert

$$E\{X(t)\} = \lambda t$$

und Varianz

$$D^2\{X(t)\} = \lambda t (1 + \sigma \lambda t) .$$

In [2] wird gezeigt, wie in der Epidemiologie jeder der Ansätze (2) bis (5) sinnvoll angewendet werden, kann und unter Verwendung der Sequenzanalyse werden vier verschiedene Resultate erzielt. Es erhebt sich die Frage: Wie findet man das richtige Modell? Liegen bereits Beobachtungen vor, kann man die zugrunde liegende Verteilung ermitteln und den dazugehörigen stochastischen Prozeß suchen? Häufig wird hierfür der Anpassungstest (Goodness of fit-Test von K. Pearson) empfohlen. Die hierfür notwendige Schätzung der Parameter und die Berechnung der Erwartungswerte sind mit großem Rechenaufwand verbunden. In der Mehrzahl der Fälle reicht die Trennschärfe dieses Tests nicht aus, um z.B. zwischen einer negativen Binomialverteilung und einer Neyman-Verteilung unterscheiden zu können [7]. Als sehr brauchbar hat sich in diesen Fällen eine graphische Methode erwiesen, bei der die empirische Verteilung in Poisson-Summen-Wahrscheinlichkeitspapier eingetragen wird; mit Hilfe von Auflegeschablonen erkennt man den Verteilungstyp und Schätzwerte für die Parameter [6, 7]. Dieses Verfahren ist auch dem Dispersionstest und dem Likelihood-Test überlegen [7]. Reicht die Genauigkeit der graphischen Methode nicht aus, kann man im Falle der häufig vorkommenden negativen Binomialverteilung auf Tabellen zurückgreifen [8] oder den Exponenten $k$ mit Hilfe der Sequenzanalyse ermitteln [9].

Es taucht noch eine andere Schwierigkeit auf. Oft lassen sich mehrere Kompositionsmöglichkeiten für ein und dieselbe zusammengesetzte Verteilung angeben. So erhält man z. B. eine negative Binomialverteilung

1. durch Überlagerung einer einfachen Poisson-Verteilung mit einer Gamma-Verteilung,
2. durch Verallgemeinerung der Poisson-Verteilung mit einer logarithmischen Verteilung,
3. durch mehrfache Überlagerung der geometrischen Verteilung mit sich selbst.

Aus diesen Möglichkeiten hat man die für den gerade vorliegenden Sachverhalt geeignete herauszusuchen. Als nützlich erweist sich in diesem Zusammenhang die charakteristische bzw. bei diskreter Verteilung die erzeugende Funktion. Letztere lautet für die einfache Poisson-Verteilung

$$e^{\lambda(z-1)} .$$

Eine Verallgemeinerung der Poisson-Verteilung erhält man, indem man für $z$ eine erzeugende Funktion

$$z = \varphi(u)$$

einsetzt, man erhält

$$e^{\lambda[\varphi(u)-1]} .$$

Mit $\varphi(u) = (q - p z)^{-k}$, der erzeugenden Funktion der negativen Binomialverteilung, erhält man

$$e^{\lambda[(q-pz)^{-k}-1]} .$$

Für $k \to \infty$, $p \to 0$ und $p k = \lambda_*$ wird daraus die erzeugende Funktion der Neyman-Verteilung Typ $A$

$$e^{\lambda[e^{\lambda_*(z-1)}-1]}$$

und für $k \to 0$, $\lambda \to \infty$, $k = k_*$ die der negativen Binomialverteilung

$$(q - p z)^{-k_*} .$$

Es lassen sich aber auch leicht mehrdimensionale Fälle übersichtlich behandeln [4]:

$$e^{\lambda[\varphi(u, v, \ldots) - 1]}.$$

Schließlich sei noch darauf hingewiesen, daß bei der Stichprobenentnahme Größe und Form des Einheitsbereiches von Einfluß auf das Ergebnis sind [10].

Abschließend kann gesagt werden, daß man durch das Aufstellen stochastischer Modelle einen tieferen Einblick in die Naturzusammenhänge erhält; es sei vor allem davor gewarnt, leichtfertig ein richtig erscheinendes Modell kritiklos zu übernehmen. In jedem Falle bedarf es einer gründlichen Zusammenarbeit zwischen dem Experimentator, der die Sachlage genau kennt und geeignete Arbeitshypothesen entwickelt, und dem Mathematiker, der die entsprechenden Modelle aufstellt, Lösungsmethoden sucht und eventuell auf analoge Fälle zurückgreift. Nach der Anweisung von Descartes möge man auch hier sein Urteil in der Schwebe halten, solange nicht alle Möglichkeiten erwogen sind.

## Literatur

[1] Bartlett, M. S., An Introduction to Stochastic Processes. At the University Press, Cambridge 1955.

[2] Bharucha-Reid, A. T., Comparison of populations whose growth can be described by a branching stochastic process — with special reference to a problem in epidemiology. Sankhyā **19** (1958) 1—14.

[3] Bharucha-Reid, A. T., Elements of the Theory of Markov Processes and their Applications. McGraw-Hill Book Comp., New York 1960.

[4] Casesnoves, D. M., Algunos nuevos procesos estocásticos y sus applicaciones. Revista de la Real Acad. Cienc. Exact., Fis. y Natur. Madrid **53** (1959) 1—125.

[5] Doob, J. L., Stochastic Processes. John Wiley & Sons, New York 1953.

[6] Grimm, H., Quelques problèmes de numérations bactériennes. Biométrie-Praximétrie **2** (1961) 1—18.

[7] Grimm, H., Prüf- und Schätzmethoden bei einfachen und zusammengesetzten Poisson-Verteilungen. Diss., Leipzig 1962.

[8] Grimm, H., Tafeln der negativen Binomialverteilung. Biometr. Z. **4** (1962) Heft **4**.

[9] Grimm, H., und V. Malý, Anwendung der Sequenzanalyse auf die negative Binomialverteilung. Biometr. Z. **4** (1962) Heft 3.

[10] Matérn, B., Spatial Variation. Meddelanden Stat. Skogsfors. Inst. **49** (1960) Nr. 5, 1—144.

# Aussagemöglichkeiten über biologische Meßwertänderungen durch Streuung und Regression

von H. Jordan und H. Wagner

Institut für Kur- und Bäderwesen und für Physikalische Therapie, Bad Elster

Ein methodisches Kernproblem der praktischen Biometrie liegt in der Nötigung, das mathematische Rüstzeug zur Beurteilung biologischer Zustandsänderungen abzugeben. Sehr häufig handelt es sich dabei um den Vergleich bestimmter, gemessener Kriterien eines biologischen Vorganges am Beginn und am Ende einer Beobachtungszeit, einer Behandlung oder anderweitiger Einflüsse. Besonders der Arzt bedarf eines solchen Vergleiches zur Kontrolle seiner am Kranken vollzogenen Behandlung. Alle derartigen Vergleiche aber beinhalten einen gewissen Zeitraum, der nicht nur physikalisch, sondern auch biologisch definiert werden muß und deshalb prinzipielle Abhängigkeiten der miteinander zu vergleichenden Meßwerte schafft. Diese Abhängigkeit von — im einfachsten Falle — zwei Meßwerten $a$ und $b$ ist darin gegeben, daß der Wert $b$ ohne Kenntnis des Wertes $a$ — und umgekehrt — nicht sinnvoll begriffen werden kann. Wenn wir hierbei insbesondere bei der ärztlichen Thematik bleiben wollen, ist der im Wert $b$ dokumentierte Behandlungs- oder Änderungseffekt ohne seine Differenz zum Wert $a$ nicht aussagekräftig. Änderungen des Wertes $b$ gegen den Wert $a$ sind infolgedessen auch nicht im Sinne eines „Fehlers" im mathematischen Sinne allein zu bewerten. Betrachten wir nun solche Wertepaare $a$ und $b$ eines ganzen Kollektivs, etwa einer Probandengruppe unter einer bestimmten medizinischen Behandlung, so stehen wir bereits einem recht komplizierten Problem gegenüber.

Nehmen wir als Beispiel die Blutdruckänderung vor und nach einer Behandlung von Kurpatienten im Kurort. Diese Blutdruckwerte streuen, wie wir sagen. Die Ursachen der Streuungen sind aber, genauer besehen, sehr unterschiedlicher Natur:

1. Fehler im apparativen Aufwand;
2. Beobachtungs- oder Ablesefehler;
3. Unterschiedliche interindividuelle Anfangslage des Blutdruckes (Wert $a$);
4. Unterschiedliche Behandlungseffekte und damit Endlagen des Blutdruckes (Wert $b$);
5. Stichprobenfehler bei jeweiliger Blutdruckmessung durch die physiologischen kurzzeitlichen Schwankungen, d. h. der Rhythmik des Blutdruckes.

Diese Fehlermöglichkeiten müssen wir in Rechnung stellen, auch wenn bei allen Messungen gleiche Tageszeit, gleiche Körperlage, gleicher Arm, gleiches Meßgerät und derselbe Untersucher zur Bedingung gemacht wurden. Wir sehen, daß wir hier eine „Fehlerstreuung" im mathematischen Sinne, daneben aber eine Streuung zu berücksichtigen haben, die uns eine biologisch höchst normale und in diesem Blickwinkel auch sinnvolle „Variation" demonstriert. So sind die interindividuellen Unterschiede sexuell bedingt, altersgebunden sowie konstitutionell und reaktionstypisch verankert; die individuellen Schwankungen aber u. a. durch Störeinflüsse merklicher oder unmerklicher Qualität und Quantität bedingt, die ein echtes kybernetisches System oder multiples Systemgefüge in Funktion halten. Einfache Regelkreisantworten oder aber auch Sollwertverstellungen und Änderungen der Typik des Regelvorganges treten auf. Diese Reaktionskinetik besitzt demnach einen Parameter „Zeit", die als „Reaktionszeit", auch im erweiterten Sinn, als „biotische Zeit" [2] ansprechbar ist, und einen Parameter „Intensität", unter dem man die „Reaktionsbreite" oder wohl auch den „Dämpfungsfaktor" verstehen könnte.

Bezeichneten wir das Problem der Abhängigkeit des Wertes $b$ vom Wert $a$ als „Anfangs-Endwert-Problem", so vertieft sich diese Beziehung nunmehr unter dem Blickwinkel der biologischen Kybernetik zum Komplex des „Ausgangs-Folgewert-Problems" oder zu dem Problem der Betrachtung von $a:(a - b)$. In jedem biologischen Regelkreis bestimmt die Sollwertverstellung die kinetische Typik, und WILDER, der Schöpfer des Begriffes vom Ausgangswertgesetz, hat völlig zu Recht die Entstehung der rhythmischen Organ- oder Systemfunktion von dieser Erkenntnis her interpretiert [11].

Überblicken wir diese „Streuung" unserer Meßwerte, so läßt sich feststellen, daß uns beispielsweise das Vorhandensein einer großen Streubreite ein wertvoller Hinweis für biologische Eigentümlichkeiten, und zwar sowohl individueller als auch kollektiver Art sein kann. Eine solche große Streuung verhindert nun u. U. die Signifikanz einer statistischen Prüfmethodik und gibt erfahrungsgemäß manchem oberflächlichen Betrachter — der sich jedoch ob seiner durchgeführten statistischen Prüfung schon absolut objektiv vorkommt — Anlaß zur Entmutigung im Sinne des „es kommt nichts dabei heraus" oder zu Fehlschlüssen aus seinen Experimenten. Noch heute erweisen viele sogenannte „biometrisch fundierte" Arbeiten diesen Mangel. Zu große Streuung sollte für den Biologen oder Mediziner aber keine „Beschlußfassung", sondern in jedem Falle die „Eröffnung der Diskussion" bedeuten, um diese zwei bekannten Vokabeln einmal hierfür zu gebrauchen.

Da nun biologisch gesehen das „Anfangs-Endwert-Problem" auch stets ein „Ausgangs-Folgewert-Problem" ist, bedarf die Beziehung von $a$ zu $b$, d. h. die korrelative Verknüpfung im Sinne von $a:(a - b)$ einer besonders kritischen Überprüfung [7]. Nachdem v. D. BIJL diesen $a:(a - b)$-Effekt als „eine von fünf Fehlerquellen der naturwissenschaftlich-statistischen Forschung" herausgestellt hatte [1], schienen die Folgerungen, die WILDER 1931 zur Aufstellung seines Ausgangswertgesetzes führten [10], als mathematisches Scheinproblem entlarvt [4, 8, 5]. Die immer wieder konstatierte Beobachtung, daß bei biologischen Versuchen niedrige Ausgangswerte am Ende ansteigen und umgekehrt hohe Ausgangswerte absinken, läßt sich tatsächlich zunächst als Zufallseffekt auffassen. Wie PROPPE und BERTRAM ausführlich begründeten [8], ist die Wahrscheinlichkeitsdichte einer biologischen Individualverteilung in der Nähe ihres Mittelwertes am größten und damit die Wahrscheinlichkeit, daß ein anfänglich weiter vom Mittelwert abliegender Meßwert in Richtung zum Mittelwert verschoben wird. Damit dürfte der Tatbestand der sogenannten paradoxen Reaktion — hohe Werte sinken ab, tiefe steigen an — als Zufallseffekt erklärbar sein. Dies gilt für die Individualverteilung ebenso wie für eine Kollektivverteilung.

Auch mit diesem Standpunkt ist aber das Problem nicht endgültig umrissen. Unser biometrischer Arbeitskreis in Bad Elster, vertreten vor allem durch H. WAGNER, hat auf Grund der Nötigung, den Erfolg oder Mißerfolg von Kurbehandlungen zu überprüfen und die sogenannte Kurreaktion zu objektivieren, einen Weiterweg versucht, die Verhältnisse um das Problem $a:(a - b)$ zu klären. WAGNER ging dabei von der Überlegung aus [9], daß sich Änderungen der Streuung bei korrelativer Betrachtung von Meßwerten, d. h. also bei der Zuordnung des Wertes $b$ zum Wert $a$, in einer Änderung der Regression widerspiegeln:

$$R_b = r_{a,b}\,\frac{s_b}{s_a} \qquad \text{und} \qquad R_a = r_{a,b}\,\frac{s_a}{s_b}$$

und daß andererseits bei Annahme einer nur zufälligen Änderung der $a$- bzw. $b$-Werte eine Streuungsgleichheit $s_b = s_a$ für beide Beobachtungstermine angenommen werden müßte. Die Betrachtung von Streuung und Regression vermag deshalb aber zu weiteren Erkenntnissen zu führen, die ich an Hand einiger Bilder demonstrieren will.

Abb. 1: 53 Kurpatienten zeigen eine Verteilung ihrer Körperkerntemperaturen am „Vortag" und am „Nachtag" mit gleichem Mittelwert und gleicher Streuung. Der Streuungsquotient $\frac{s_a}{s_b}$ wäre also hiernach $= 1{,}0$. Wäre jetzt jeder Wert des „Nachtages" an gleicher Stelle wie am

„Vortag" befunden worden, so wäre der Korrelationskoeffizient $r_{a,b} = 1{,}0$, mithin die Regression $R$ ebenfalls $= 1{,}0$.

Abb. 2: Demgegenüber zeigt Abb. 2 die wahre Zuordnung von Vortags- zu Nachtagswerten, also von $a$ zu $b$. Mehr oder minder erkennt man die Tendenz, daß Werte aus der Verteilungsmitte in deren Randgebiete et vice versa abwandern. Die Korrelation hierzu zeigt die Abb. 3, die auf der Abszisse den Vortag, die $a$-Werte, in der Ordinate aber die des Nachtags — die $b$-Werte — festhält. Stellen wir die Regressionsgerade dar, so ergäbe diese im Idealfalle — d. h. bei einem Korrelationskoeffizient $= 1{,}0$ — eine 45°-Neigung im Koordinatennetz (punktierte Linie in Abb. 3). Die reale Lage der Regressionsgeraden ist aber dank der Verminderung des Wertes für den Korrelationskoeffizienten entsprechend der Abb. 2 auf 0,42 wesentlich weniger steil (ausgezogene Linie in Abb. 3). Dies alles gilt für den theoretischen Fall der Streuungsgleichheit $s_a = s_b$, mit anderen Worten also auch für den echten $a:(a - b)$-Effekt.

Abb. 4 demonstriert die Verhältnisse bei Streuungsungleichheit. Es ist der Fall eingetreten, daß die Streuung am „Vortag" größer ist als die am „Nachtag", also $s_a > s_b$. Wir erhalten entsprechend dieser Änderung und der Größe des Korrelationskoeffizienten eine dritte Schräglage der Regression, die noch weniger steil, ist als es die Regressionsgerade wäre, für die $s_a = s_b$ wäre (ausgezogene Linie der Abb. gegen gestrichelte bzw. punktierte). Wir müssen folgern, daß das Kollektiv vom „Vortag" zum „Nachtag" der Messung einen Einfluß erlitten hat, dessen Effekt zu einer Verminderung der Streuung am Nachtag führt. Den gegenteiligen Vorgang veranschaulicht die folgende Abb. 5: Hier ist $s_b > s_a$ und konsequenterweise liegt die Regressionsgerade steiler als für den Fall der Streuungsgleichheit oder gar den Idealfall der Korrelation (ausgezogene Linie gegen gestrichelte bzw. punktierte Linie der Abb.).

Diese Beispiele können pars pro toto gelten. Aus ihnen folgert sich, daß einerseits der Nachweis, hohe Meßwerte sinken — z. B. im Verlaufe einer Kur — ab und tiefe steigen an, noch keinerlei Schluß auf einen echten Kur- oder Behandlungseffekt gestatten, daß aber andererseits durchaus ein solcher Nachweis nicht als Zufallseffekt im Sinne des van der Bijlschen $a:(a - b)$-Effektes abgetan werden kann. Der beweisende Unterschied zwischen „Zufall" und „Einfluß" ist die Regressionsgerade und ihre Winkelabweichung von der theoretischen Regressionslinie für den Fall der Streuungsgleichheit. Ein „ungestörtes" Kollektiv dürfte ja bei der Erst- und Zweitmessung keine systematischen Abweichungen der Streuung ausweisen.

Eine weitere Überlegung muß nun noch dem Umstand gelten, daß offenbar auch die Amplitude des betreffenden physiologischen Regelbereiches, dem unsere Beobachtungswerte zugehören, eine wesentliche Rolle für das Zustandekommen der Streuung spielt und ebenso der Zeitraum, innerhalb dessen die Regelung abläuft. Träge Vorgänge solcher Art werden sich z. B. im Beobachtungszeitraum von Wochen, raschere von Tagen, Stunden oder Minuten, ja selbst wenigen Sekunden vollziehen. Denken wir etwa an die Herzfrequenz, deren periodische Feinschwankungen Periodendauern von wenigen Sekunden (respiratorische Arrhythmie) bis zu Minuten- und Tagesschwankungen [6] erreichen, den Blutdruck, der sich ähnlich verhält, die Körpertemperatur, die Stunden- und Tagesperiodik besitzt, oder das Körpergewicht, dessen Regulation kaum erkennbar abläuft. Wir dürfen also gewisse Unterschiede erwarten, wenn wir beispielsweise Körpertemperatur, Blutdruck, Pulsfrequenz oder Körpergewicht einer solchen Anfangs-End-Messung unterziehen.

So zeigen z. B. Messungen der Herzfrequenz (Pulsfrequenz) im Vergleich vom 5. zum 21. Kurtag von Kurpatienten (Abb. 6), daß die Streuungsdifferenzen recht klein sind und daß damit die reale Regressionsgerade des Kollektivs mit der hypothetischen Regression bei Streuungsgleichheit fast koinzidiert. Gleichermaßen verlaufen die Geraden der Änderung (untersh. Abschnitt der Abb.) praktisch völlig gleich. Eine entsprechende Darstellung von Körperkerntemperaturwerten läßt eine etwas größere Differenz beider Geraden erkennen, wie Abb. 7 vor Augen führt. Beim Blutdruck (Abb. 8) ergeben sich jedoch bereits deutlichere Abweichungen des Winkels der Regressionsgeraden bzw. der Abnahme und desgleichen beim Körpergewicht, erkennbar in Abb. 9.

Bei all diesen Betrachtungen der letzten vier Meßreihen lag die Streuung der Zweitmessung, also der $b$-Werte, tiefer als die der Anfangswerte ($a$-Werte), ohne weiteres erkennbar an der geringeren Steilheit der tatsächlichen Regression gegen die bei Streuungsgleichheit. Daß der umgekehrte Fall ebenfalls eintreten kann, bewies Abb. 5 mit steilerer Regression. Hatten wir für den $a:(a - b)$-Effekt eine Streuungsgleichheit $s_a = s_b$ voraussetzen müssen – und dies ist logisch – so wird demnach das Normalverhalten von $a$- bzw. $b$-Werten zueinander dadurch gekennzeichnet, daß die Korrelationsgüte die Regressionsgerade weniger steil als 45° verlaufen läßt. Ist die Streuung $b$ nun kleiner als die von $a$, so wird durch den noch geringeren Neigungswinkel der Regressionsgeraden eine Verstärkung des Normalverhaltens, im gegenteiligen Falle wenn $s_a > s_b$ ist, eine gegensinnige Bewegung des Kollektivs angenommen werden müssen. Hierin wäre eine echte „paradoxe" Reaktion demonstriert und damit auch der von WILDER geprägte Begriff der paradoxen Reaktion zugleich dokumentiert und präzisiert. Jede Vorstellung vom biologischen Funktionsgleichgewicht und von der Begründung des Normbegriffes in der Funktion setzt das Vorhandensein dieser paradoxen Reaktion als conditio sine qua non voraus.

Wir wollten mit diesen Beispielen gezeigt haben, daß es mit Hilfe der mathematisch recht einfachen Operationen der Streuungsberechnung und der Regression möglich wird, die Korrelation eines Endwertes zu seinem Anfangswert zu vollziehen, ohne dabei statistischen Scheinschlüssen zu verfallen. Wenn wir mit unserer Darstellung einen zufälligen von einem nicht-zufälligen Anteil an der Änderung von Meßwerten zu demonstrieren suchen, so haben wir damit zugleich stets ein kollektivtypisches Verhalten von einem Scheinverhalten abgegrenzt. Es ist zu erwarten, daß die durch die Amplitude des jeweils beobachteten Regulationsvorganges bedingte normale Variationsbreite einen maßgeblichen Anteil an der Sicherheit hat, mit der eine – z.B. unter Kurbedingungen wie in unseren Beispielen erreichte – Änderung des Endwertes gegen seinen Anfangswert als Erfolg der Behandlung oder als Zufallseffekt bewertet werden darf. Je größer die normale regulative Schwankungsbreite, um so vorsichtiger bei der Bewertung der beobachteten $a:b$-Änderung als Ausdruck eines Behandlungserfolges – das ist etwa eine kurze praktische Folgerung hieraus.

Ein letztes Beispiel mag zeigen, wie aufschlußreich es ist, die Streuung von Meßwerten im Verlaufe einer Behandlung zu verfolgen. Eine solche Kontrolle zeige die Abb. 10. Sie sagt aus, daß zu ganz bestimmten markanten Zeitpunkten des Kurverlaufes Maxima der Streuung und dazwischen Minima für die kollektiven Meßwerte (hier Körpertemperatur) vorliegen. Diese Maxima markieren eine Zunahme, die Minima eine Abnahme der vegetativen Labilität. Die so sehr interessante „Pathologie des 8. bis 12. Behandlungstages" – eine medizinisch hochinteressante Erscheinung – kann demnach keinesfalls als „ergotrope" Phase – wie zumeist geschehen [3] – beurteilt, sondern nur als „Labilitäts"-phase einer stabileren Verlaufsform gegenübergestellt werden. Hätten wir eindeutig ergotrope Verhältnisse, dann müßte die Mittelwertkurve markant ansteigen, die Kurve der Streuungsquadrate jedoch absinken. Doch soll hierüber nicht diskutiert, sondern diese Demonstration lediglich als ein in die Praxis und unsere eigenen weiteren Gedankengänge hinweisender Ausblick das Gesagte abschließen.

### Literatur


[1] v. D. BIJL, W., Ann. Meteorol. **4** (1951) 183.
[2] GROTE, I. R., Z. Altersforschg. **IX** (1955) 193.
[3] HILDEBRANDT, G., Therapiewoche **9/10** (1959) 405.
[4] HUNGERLAND, W. und M. WALTER, Klin. Wschr. **35** (1957) 105.
[5] JESSEL, U., Klin. Wschr. **35** (1957) 641.
[6] JORDAN, H., Kardiol. Schriftenreihe 1962.
[7] POLAK, F. und F. KNOBLOCH, Acta Neuroveg. **XV** (1957) 473.
[8] PROPPE, A. und G. BERTRAM, Strahlentherapie 88 (1952) 573.
[9] WAGNER, H., Biometr. Zeitschr. **2** (1960) 117.
[10] WILDER, J., Klin. Wschr. **10** (1931) 1889.
[11] WILDER, J., 6th Conf. Soc. Biol. Rhythm, Semmering 1957.

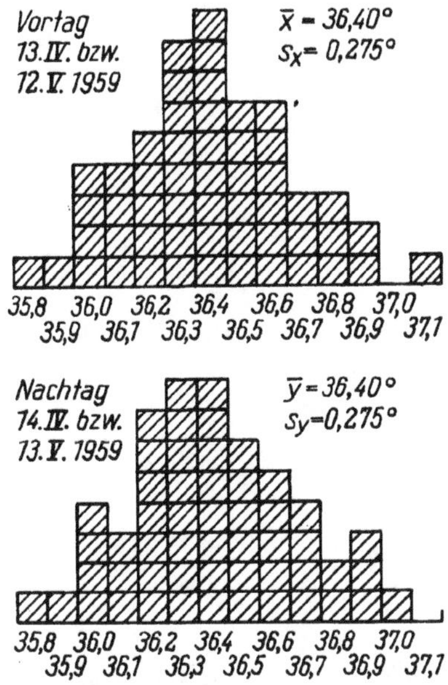


Abb. 1. Verteilung von Meßwerten der Körperkerntemperatur bei 53 Kurpatienten (Frühtermin)

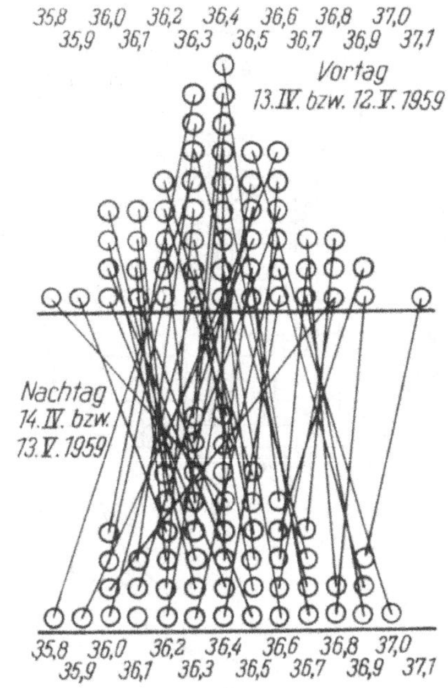


Abb. 2. Verteilung und Veränderung der Körperkerntemperatur an zwei aufeinanderfolgenden Tagen

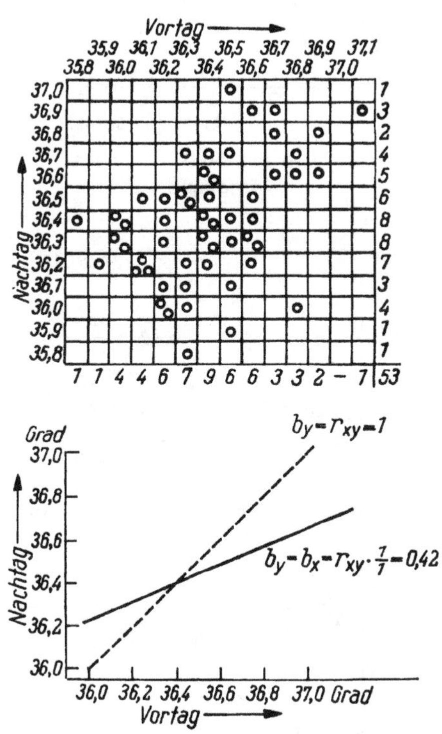


Abb. 3. Korrelationstabelle. Meßwerte der Körperkerntemperatur an zwei aufeinanderfolgenden Tagen

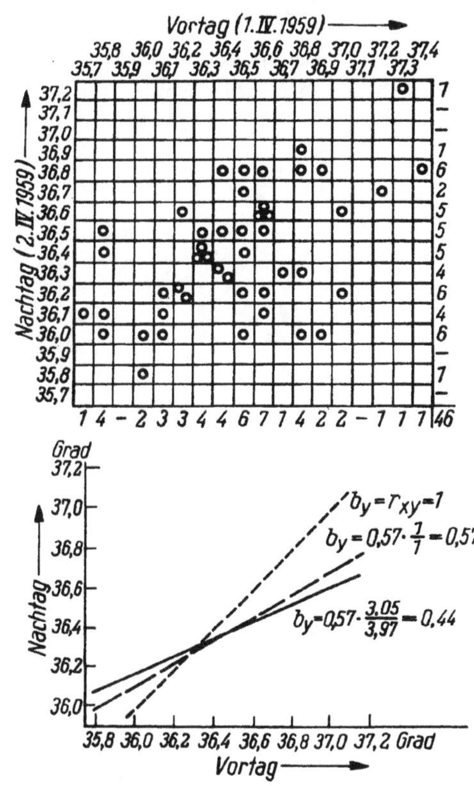


Abb. 4. Körpertemperaturmessungen. 46 Patienten, Herzklinik Bad Liebenstein

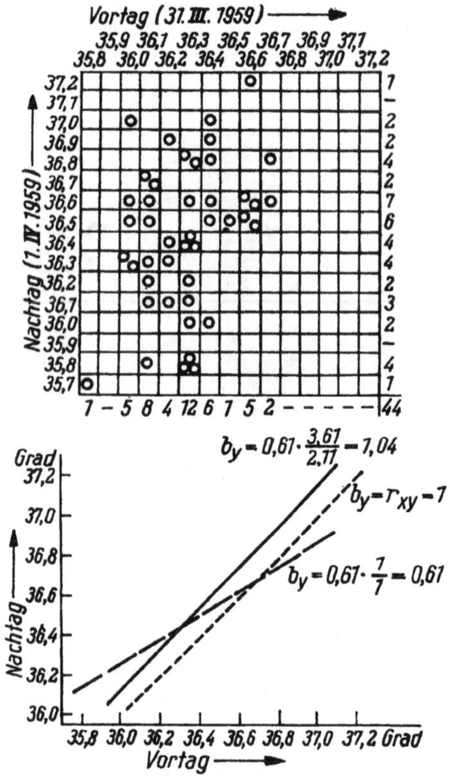


Abb. 5. Körpertemperaturmessungen. 44 Patienten. Herzklinik Bad Liebenstein

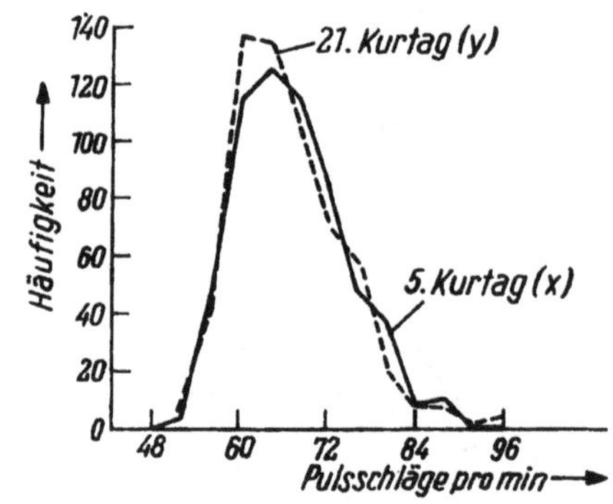


Verteilung von 598 Meßwerten der Pulsfrequenz

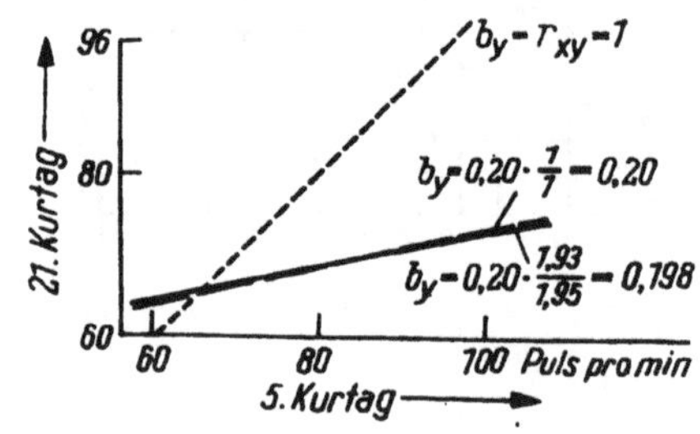


Beziehung zwischen den beiden Meßwerten

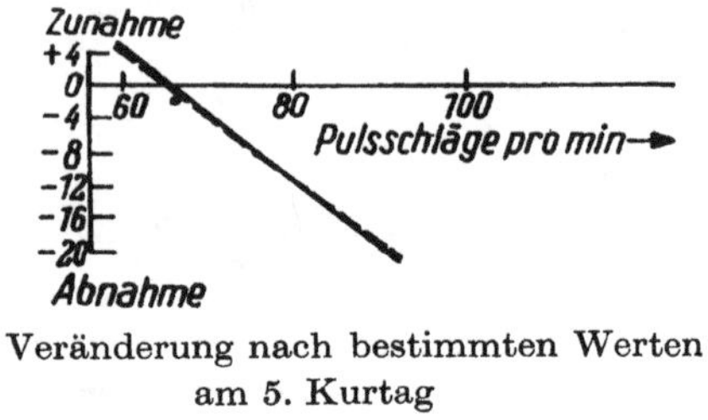


Veränderung nach bestimmten Werten am 5. Kurtag

Abb. 6

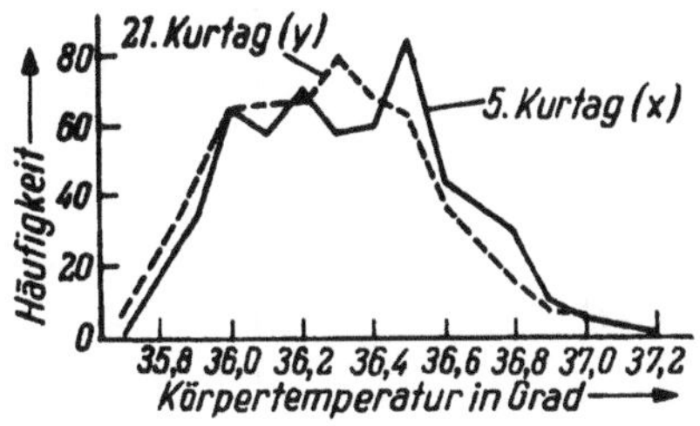


Verteilung von 589 Meßwerten der Körperkerntemperatur

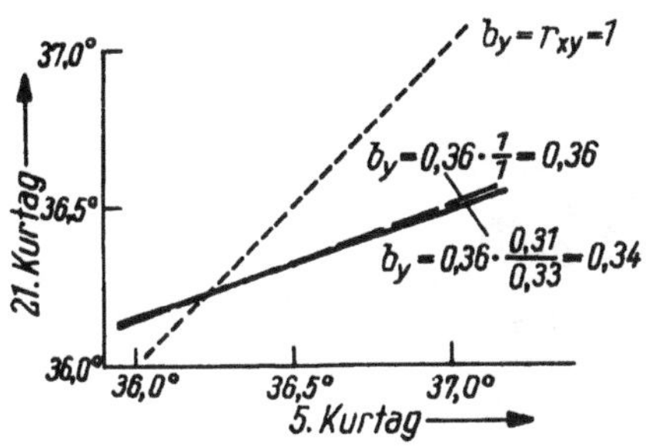


Beziehung zwischen den beiden Meßwerten

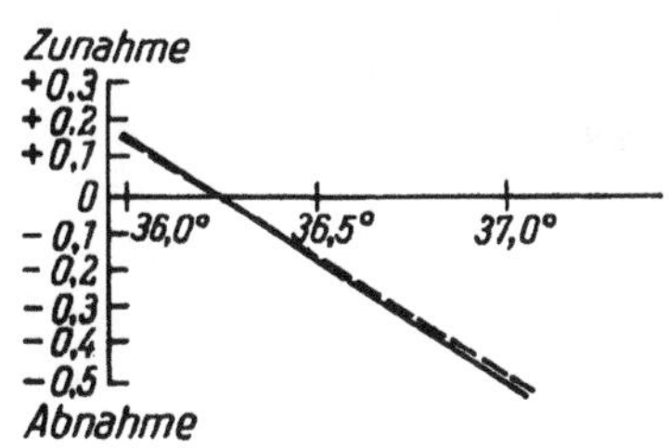


Veränderung nach bestimmten Werten am 5. Kurtag

Abb. 7

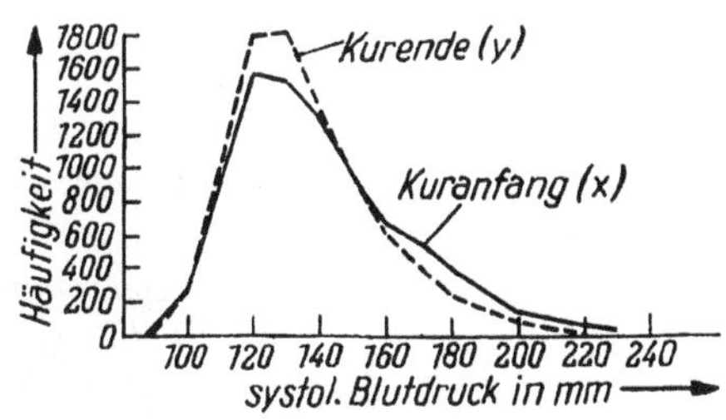


Verteilung von 8744 Meßwerten des systol. Blutdruckes

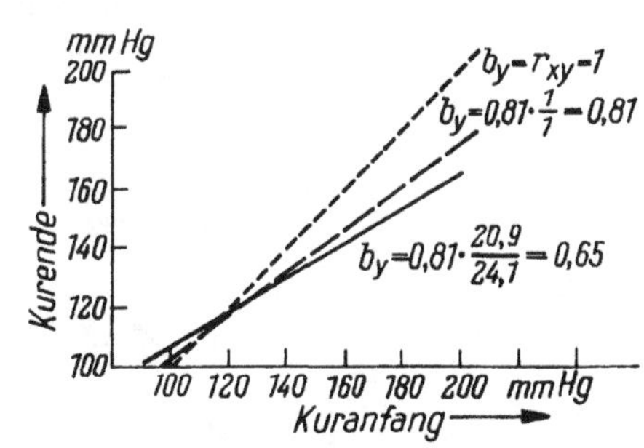


Beziehung zwischen den beiden Messungen

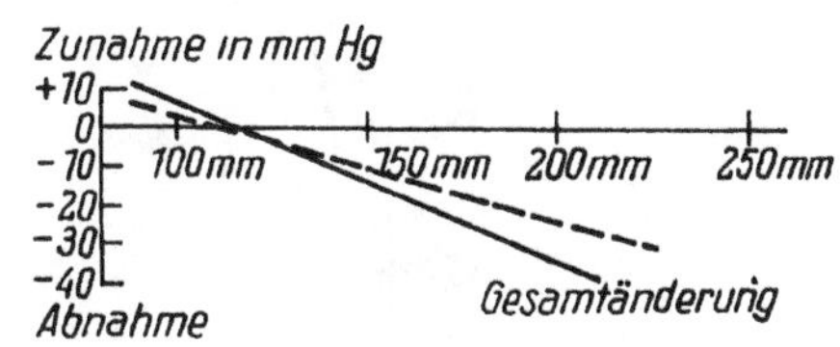


Veränderung des systol. Blutdruckes nach bestimmten Werten am Kuranfang

Abb. 8

Tafel 4

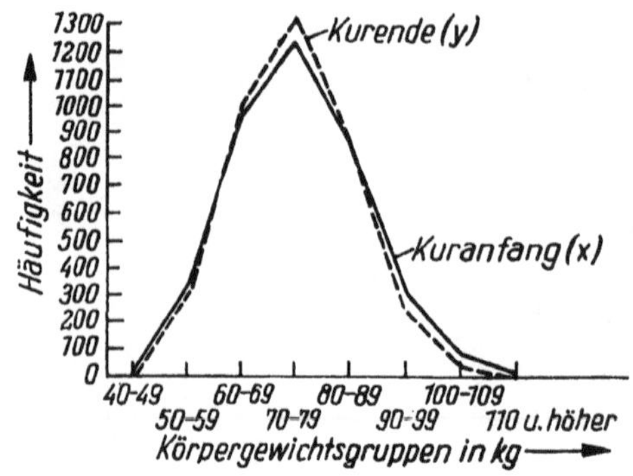


Verteilung von 3764 Meßwerten des Körpergewichtes

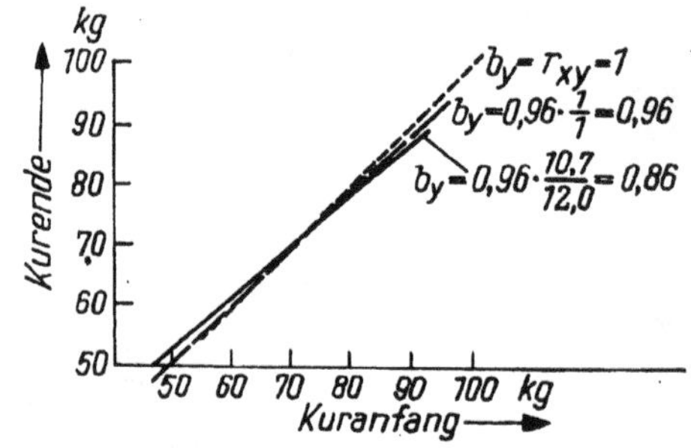


Beziehung zwischen den beiden Messungen

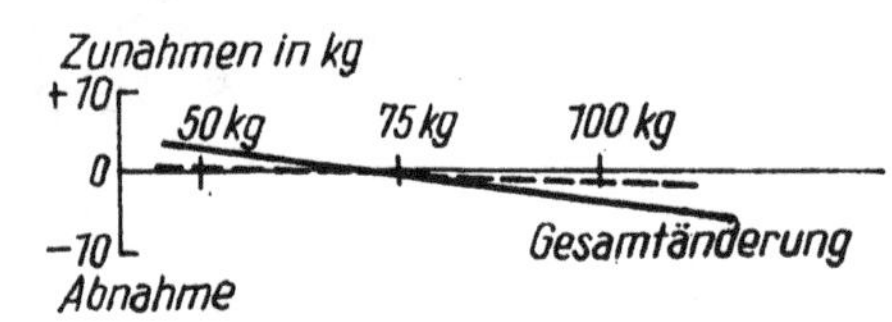


Veränderung des Körpergewichtes nach bestimmten Werten am Kuranfang

Abb. 9

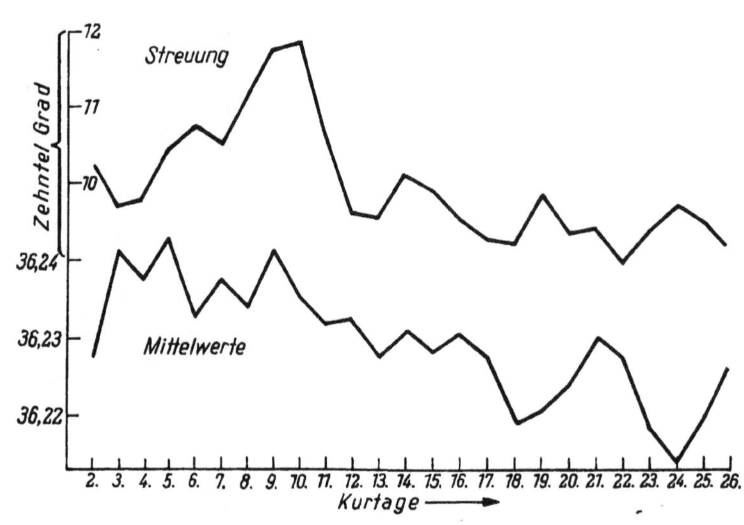


Abb. 10. Körpertemperatur. Kurverlauf, Rheumaklinik Bad Elster

# Anwendung der Diskriminanzanalyse in der Medizin

von E. JUTZI

Institut für Diabetes Forschung und Behandlung „Gerhardt Katsch", Karlsburg

Die medizinische Diagnostik stützt sich besonders in der internen Medizin mehr und mehr auf im Laboratorium ermittelte Werte oder auch spezielle Belastungen, um mit größerer Sicherheit das Typischpathologische erkennen und eine eindeutige Diagnose stellen zu können. Bei Krankheiten, die erst durch mehrere gleichzeitig auftretende Symptome oder Merkmale eindeutig als solche erkennbar sind, stößt die Diagnose auf Schwierigkeiten, wenn z.B. von 4 geforderten Merkmalen nur 2 pathologisch sind, die beiden anderen — z.B. Laborwerte — jedoch an den Grenzen der Norm liegen. Hier kann die Diskriminanzanalyse helfend eingreifen, die aus der Kenntnis bzw. aus den Informationen einer Reihe schon diagnostizierter Fälle eine Trennformel schafft. Diese gestattet, weitere Fälle in die bekannte, schon praktizierte Klassifizierung einzuordnen bzw. anzuzeigen, ob sich der fragliche oder auch ein weiterer Fall in der Umgebung der pathologischen oder normalen Werte befindet. Unter einer solchen Klassifikation verstehen wir z.B. eine Alternative: Krankheit X — nicht Krankheit X —. Desgleichen kann eine Trennformel bei der Beurteilung eines Schweregrades herangezogen werden, wo es gilt, aus mehreren Meßwerten einen Wert zu bilden, der den Schweregrad einer Krankheit charakterisiert. Eine solche Trennformel ist zwar abhängig von demjenigen Arzt, der die Einschätzung des Krankheitsschweregrades, die primäre Gruppierung vorgenommen hat. Sie hat aber den Vorteil, daß sie von Ort zu Ort „gleich" ist. Sicher nicht gleich ist die Einschätzung eines Krankheitsschweregrades, die von verschiedenen Ärzten vorgenommen wird. Für den Diabetes ist eine Beurteilung des Schweregrades bzw. der Stoffwechsellage von mehreren Zahlenfaktoren abhängig, wie Blutzuckerhöhe, Glukosurie, Tagesschwankungen und Insulindosis. Wie später noch zu berichten ist, ist auch hier die Diskriminanzanalyse von großem Nutzen, wenn es um eine einheitliche Beurteilung der Stoffwechsellage geht.

Zunächst möchte ich von der Anwendung und dem ökonomischen Vorteil der Diskriminanzanalyse bei einer großangelegten Reihenuntersuchung auf Diabetes berichten. In vielen Kreisen und Bezirken der DDR werden z. Z. Reihenuntersuchungen auf Diabetes durchgeführt. Die erste Untersuchung erfolgt mit einem glukosespezifischen Teststreifen, mit dem das Vorhandensein von Harnzucker nachgewiesen wird. Personen, bei denen der Teststreifen „positiv" ist, d. h. sich verfärbt, sind diabetesverdächtig. Zur weiteren Diagnostik werden diese verdächtigen Personen einer Traubenzuckerdoppelbelastung nach STAUB-TRAUGOTT unterzogen. Dabei werden ihnen im Abstand von 90 Minuten 2mal 50 g Traubenzucker verabreicht und zu 9 Zeitpunkten die Blutzuckerspiegel bei ihnen gemessen. Aus den Blutzuckerwerten wird eine Kurve gezeichnet und aus deren Gestalt und Lage entscheidet der Arzt, ob eine Zuckerhaushaltsstörung — ein Diabetes mellitus — vorliegt oder nicht. Die Kriterien für diese Entscheidung werden von den einzelnen Ärzten verschieden gehandhabt, und dadurch werden die gleichen Personen bzw. ihre Traubenzuckerdoppelbelastungen von verschiedenen Ärzten nicht immer gleichartig eingeschätzt. Um für die Reihenuntersuchungen eine möglichst gleichmäßige Diagnostik zu gewährleisten, wurden aus unserem Institut 125 Traubenzuckerdoppelbelastungen von Diabetikern und 175 von Nichtdiabetikern verwandt, um mittels Diskriminanzanalyse eine Trennformel aufzustellen, die die Belastungen der beiden Kollektive so gut als möglich trennt.

Als Ausgangsdaten wurden 5 Blutzuckerwerte (Versuchsbeginn — 0′ und zu den Zeitpunkten 30′, 120′, 180′ und 240′ nach Versuchsbeginn) in die Rechnung einbezogen. Die errechnete Trennformel ergab eine vollständige Trennung der beiden Kollektive.

Diese 5 Werte gelten als die Eckpfeiler der Traubenzuckerbelastungen. Für die praktische Anwendung sollte zwischen den Wertegruppen der beiden Kollektive ein Grenzwert festgelegt werden, oberhalb dessen von einer Zuckerhaushaltsstörung gesprochen wird und unterhalb dessen nicht. Ein solches Vorgehen erschien zu schematisch. Es wurde angeregt, diesen Grenzwert sehr nahe an das Kollektiv der Nichtdiabetiker zu legen und alle oberhalb dieses Grenzwertes liegenden Personen als „stark verdächtig" anzusehen. Das sind erfahrungsgemäß nur noch 10—20 Prozent, von denen sich fast alle als wirkliche Diabetiker erweisen.

Als nächstes interessierte die Frage, ob für eine solche Vorauswahl wirklich alle 5 Blutzuckerbestimmungen erforderlich sind bzw. alle 9, was zu großen Belastungen der Labore führen würde. Es wurden nacheinander der Blutzuckerwert zu Versuchsbeginn, dann der 240′-Wert und schließlich auch der 30′-Wert weggelassen bzw. vernachlässigt. Die verbleibenden 2 Werte (120′ und 180′) vermochten mittels einer Trennformel für den resultierenden Wert das diabetische vom nichtdiabetischen Kollektiv zu trennen, ohne daß Überschneidungen vorkamen. Dadurch wurde festgelegt, daß im Rahmen der Diabetes-Reihenuntersuchungen bei Personen mit positivem Harnzuckertest zunächst eine Traubenzuckerdoppelbelastung gemacht wird mit nur 2 Blutzuckerbestimmungen 120′ und 180′ nach der 1. Traubenzuckergabe. Diese beiden Werte werden in die Trennformel eingesetzt. Liegt der resultierende Wert oberhalb der festgelegten Schranke, dann wird die entsprechende Person einer nochmaligen Traubenzuckerdoppelbelastung nach dem Schema von STAUB-TRAUGOTT unterworfen, und diese Ergebnisse werden dann einem Arzt vorgelegt. Die Diskriminanzanalyse dient hier nur als Sieb, in dem stark verdächtige Personen hängen bleiben, die dann zur weiteren Diagnostik einem Arzt vorgestellt werden müssen. Der laborchemische Arbeitsaufwand wird dadurch etwa auf ein Viertel des sonst zu erwarten gewesenen reduziert.

Eine weitere Anwendungsmöglichkeit für die Diskriminanzanalyse ergibt sich, wenn man zur Versuchsersparnis mit der Sequenzanalyse arbeiten will und wiederum mehrere Merkmale für den Versuchsausgang bzw. dessen Beurteilung herangezogen werden müssen. Sofern diese Beobachtungsmerkmale nicht alternativer Natur, sondern kontinuierliche Meßwerte sind, läßt sich aus schon bekannten Versuchen eine Trennformel entwickeln. Der aus ihrer jeweiligen Anwendung resultierende Wert kann entweder als Meßwert behandelt werden und so in einem Sequenzschema gegen einen Wert $\Theta$ (bei bekannter Varianz) getestet werden, der einer der beiden Mittelwerte der „getrennten" Kollektive sein kann. Zum anderen aber kann man auch für den sich aus der Trennformel ergebenden Wert eine Schranke festlegen und dann mit den üblichen Sequenzmethoden für alternative Fragestellungen arbeiten. Letztere Methode wurde in unserem Institut bei der Prüfung neuer Insuline verwandt. Dabei mußte für die Stoffwechsellage der in der Insulintestung stehenden Personen ein zusammenfassender Wert errechnet werden, sowohl für das neue als auch für das Standardinsulin. Die Diskriminanzfunktion wurde aus je 80 sehr guten und schlechten Stoffwechsellagen ermittelt. Damit war für die Versuchschargentestung eine einheitliche Beurteilung beider Insuline möglich. Für den errechneten Wert der Stoffwechsellage wurde eine Schranke zwischen dem sehr guten und dem schlechten Kollektiv festgelegt. In der dadurch entstehenden Alternative wurden dann die beiden Insuline mittels Sequenztest miteinander verglichen.

In der Zuckerkrankheit bietet sich ein weites Anwendungsfeld, da alle zur Beurteilung notwendigen Merkmale Laborbefunde sind. Krankheiten mit ähnlicher Beurteilungsart würden sich auch für die Anwendung der Diskriminanzanalyse in ihrer Diagnostik eignen.

# Biometrical Aspects in the Chinese Drive for Supervision of the Traditional Curative Methods

von J. Juvancz

Ungarische Akademie der Wissenschaften Budapest,
Mathematisches Forschungsinstitut, Biologische Abteilung

The supervision of the traditional curative & preventive methods involves the trial of procedures numbering a few thousands. To ensure best accuracy, speed, reliability, since 1958 the traditionalists have been "in-planted" into the hospitals & research institutes. There, under the supervision of medicalmen, they do practize their activities. This method enables the medicalmen to learn the curative methods, to ensure medical supervision of the treatments, to serve opportunity to put the traditional methods under thorough medical trials. During the first years the work was mainly concentrated on serving the medicalmen ample experience with the traditional methods, however, now a days the period of the critical trials are in full run. Certainly, for this stage the biometrical methods are indispensable.

Bulk of the traditional methods are based on the glycosides & alcaloids, just as it was in Europe before the commencement of the upspring of pharmaceutical industry. Some mineralia are frequently used, too. Of them the Antimony seems to play a greet role. The traditionalists have practized also physical procedures, first of all massage & acupuncture.

During my stay in China I participated in trials of chemical agents, consequently I studied the methods in connection with such. Naturally, I can give you reliable & detailed information concerning only them.

Before entering the details, I have to call your kind attention to the other form of Chinese drive for new therapeutical measures. This form congruent with what we practize in Europe or America. They do some copying work, just as we practize it a conduct some original researches, just as we do.

The problem of cooperative trials is faced the world over. The literature presents in great abundance papers tackling this problem. We face this problem when trying pharmaka for such diseases where the accumulation of observational data is very time-consumming, either because of the need for „longdistance observations", e. g. hypertension, or because of the rarity of cases apt for trial, e. g. pancytopenia idiopathica.

In China to these added is the problem of "selection-purification-modification". In the form of multilocular trials practized by us the coordinated institutions are such having the same functions, e. g. medical wards form numerous hospitàls. In the Chinese case the bulk of the problems needs collaboration of institutions with different functions & structures. E. g. the ward where the traditional methods are practized makes the preliminary observations & selects the drugs to be tried. The exact pharmacodynamical tests are fulfulled in the pharmacological departments & institutes. The isolation of the different fractions of the extracts is executed by the analytical chemists, however, for the control tests of activity and of toxicity, they are handed back to the pharmacologists. The preparative chemists join in the work by producting different substitutional forms to the basic chemical structures in search for detecting compound more effective and/or less toxic. No doubt, this process highly resembles to that practized in our pharmaceutical plants. However, the proportions & circumstances do highly differ. The main difference is in the starting point of the screening program. In the plants it is begun with a very high number of compounds, the overwhelming majority of which is either inactive or uselessly toxic. In China the start is from non-toxic .

When the pharmacologists, analysts & preparative chemists have finished their tasks, the restarting of clinical trials has to be commenced. At this stage due regard has to be paid to the potentially highly increased toxicity. The hospital has handed over to the pharmacologists & chemists a stuff not well known in composition, even heterogeneous, of nil or low toxicity, however, often of low efficacy, too. Contrasted to this, received is from the pharmacologists a purified, homogeneous compound of high efficacy, however, labelled with a questionmark concerning toxicity. Of course, the toxicity tests on animals have been very carefully fulfilled. It is highly tempting to accept the previous experience with the original material & the animal tests with the new compound as valid for non-toxicity. However, beware of it! The very careful clinical non-toxicity tests have to be pains-takingly worked through in the usual careful manner just as we had no previous informations at all. We have to keep in mind the efficacy being highly increased, so can be the toxicity, too. Further animal tests never should be regarded but preliminaries of toxicity tests.

Consequently, the problem of "double-blinding" becomes of paramount importance. On one hand, as sharp eyes have to be kept on by-effects, the physicians in charge could not be "blinded": it is never allowed to wait till the by-effects are so grave & irreversible to enbale even "blindmen" to notice them. On the other hand, under the given circumstances prejudice may play major role. In cases of chronic effects it is not hard to have independent, "blind" qualifiers. In case of acute effects [e. g. analgesis] is it rather hard to solve this problem. The usual schedules to measure & balance the subjective differences between qualifiers have proved of little use, as the need for analgesics could not be "planned" afore. To reduce the effect of bias, subgroups for classification of pains had to be instituted. These categories & the qualification of "effect" [abolished, alleviated, latency, duration etc.] had to be defined with highest possible accuracy a priori. However, the definitions had to be based on those already in use in the hospital & could not be contraindictory to them.

The senior house-physicians have had to play the leading role, as they have had good all-oversight of the wards practicipating in the trial [inclusively the personal habits of doctors & nurses]. Further, as residents of the hospitals they have been easy to be found if dispute arose concerning location or qualification even during night service.

These intricate schedules involve — as always — the increased danger of high bias due to systemic misinterpretations. To quell such bias — or at least to lessen — them the better understanding of biometrical methods, is indispensable.

The Chinese curriculum of Medicine incorporates biometrical studies. Generaly they learn up to the regression procedures. To revive & augment biometrical knowledge, biometrical courses have been commenced, with special regard to trials of pharmaka.

May I call your kind attention of the book I regard one of the best ones for medicalmen to learn biometrics. That is "Introduction to Statistical Inference". Its author is a Chineseman: J.C.R.Li.

Our Chinese colleagues are keen in learning. The duration of the lectures is in average three hours, with a short intermission. The "three hours" means the time of reading the Chinese texts no time is spent on telling it in foreign language & translating it at spot. So the foreign lecturers have to hand 30—35 pages of typescript to their interpreters a few days afore.

This short review tried to give you in nutschell the biometrical aspects of the great Chinese drive. The Chinese traditional methods are a gold mine. However, there are never lumps of pure gold in the mines. They are to be selected from the slag & the gold to be extracted from the ore. The Chinese have done tremendous work & in not-far. Future they shall begin to pour out vast number of new compounds & processes for the welfare of mankind.

# Mögliche Fehlerquellen und ihre Auswirkung beim statistischen Vergleich variierter Labormethoden mittels der Regressionsanalyse

von W. Köhler

I. Medizinische Universitätsklinik der Charité, Berlin, Abteilung Archiv und Statistik

In der klinischen Praxis taucht nicht selten die Frage auf, ob eine methodisch variierte Laboruntersuchung andere Ergebnisse zeitigt als das zuvor angewandte Untersuchungsverfahren. Aus dem hier vorliegenden Material (aus dem haematologischen Labor der I. Med. Klinik, Leiter OA. Doz. Dr. med. habil. H. Stobbe) wurden Thrombocyten, das sind die zur Blutgerinnung neben anderem notwendigen zellulären Elemente, gezählt. Nachdem das Untersuchungsverfahren geringfügig geändert wurde, war es immerhin von Interesse, ob sich andere Ergebnisse zeigten. Jeweils am gleichen Pat. wurden die Thrombocyten nach den beiden nur gering differierenden Verfahren gezählt. Wie zu erwarten, lagen die Ergebnisse dicht beieinander, sie waren jedoch mindestens durch zufällige Einflüsse voneinander etwas verschieden. Bei der paarigen Anordnung der Meßwerte war es also sinnvoll, eine Regressions- und Korrelationsanalyse durchzuführen mit dem Ziel einer Aussage hinsichtlich etwaiger Unterschiedlichkeit der beiden Methoden. Abb. 1 zeigt die Urliste mit den Mittelwerten der beiden Meßreihen $\bar{x}$ und $\bar{y}$ und den jeweils dazugehörenden Streuungen. Man erkennt leicht, daß sich die beiden Mittelwerte nur ganz gering voneinander unterscheiden, ebenfalls liegen die beiden Standardabweichungen in der gleichen Größenordnung, wie auch die Prüfung auf Signifikanz der beiden Streuungen negativ verläuft.

Bei der Abhängigkeit handelt es sich um eine Regression 2. Art. In diesem Zusammenhang ist, wie bei jeder Regressionsanalyse, die Prüfung auf Linearität notwendig. Eine zeichnerische Darstellung des Punkteschwarmes läßt erkennen, daß lineare Abhängigkeit der Meßreihe angenommen werden kann.

Die zur Analyse gehörigen Formelansätze lauten:

$$\bar{x} = \frac{\Sigma x_i}{N}, \qquad \bar{y} = \frac{\Sigma y_i}{N};$$

$$S\,A\,Q_x = \Sigma\,(x_i - \bar{x})^2 = \Sigma\,x_y^2 - \frac{(\Sigma x_i)^2}{N}, \qquad S\,A\,Q_y = \Sigma\,(y_i - \bar{y})^2 = \Sigma\,y_i^2 - \frac{(\Sigma y_i)^2}{N},$$

$$s_x^2 = \frac{S\,A\,Q_x}{N-1}, \qquad s_y^2 = \frac{S\,A\,Q_y}{N-1},$$

$$S\,P\,A_{xy} = \Sigma\,(x_i - \bar{x})\,(y_i - \bar{y}) = \Sigma\,x_i\,y_i - \bar{y}\,\Sigma\,x_i,$$

$$b_{yx} = \frac{S\,P\,A}{S\,A\,Q_x}, \qquad b_{xy} = \frac{S\,P\,A}{S\,A\,Q_y},$$

$$r = \frac{S\,P\,A}{\sqrt{S\,A\,Q_x \cdot S\,A\,Q_y}},$$

$$S\,A\,Q_{y\cdot x} = \Sigma\,(Y - y_i)^2 = S\,A\,Q_y - \frac{(S\,P\,A)^2}{S\,A\,Q_x}, \quad S\,A\,Q_{x\cdot y} = \Sigma\,(X - x_i)^2 = S\,A\,Q_x - \frac{(S\,P\,A)^2}{S\,A\,Q_y},$$

$$s_{y\cdot x}^2 = \frac{S\,A\,Q_{y\cdot x}}{N-2}, \qquad s_{x\cdot y}^2 = \frac{S\,A\,Q_{x\cdot y}}{N-2};$$

$$s_{b_{yx}}^2 = \frac{s_{y\cdot x}^2}{S\,A\,Q_x}, \qquad s_{b_{xy}}^2 = \frac{s_{x\cdot y}^2}{S\,A\,Q_y}.$$

Als Rechenergebnisse findet man

$N = 33$ ,
$N = 31$

| | | | |
|---|---|---|---|
| $\Sigma x_i =$ | 6 393 850 , 5 207 850 | $\Sigma y_i =$ | 6 443 250 , 5 298 750 |
| $\Sigma x_i^2 =$ | 1 720 645 687 500 , 1 006 689 687 500 | $\Sigma y_i^2 =$ | 1 695 296 062 500 , 1 030 059 812 500 |
| $SAQ_x =$ | 481 817 874 697 , 131 796 086 775 | $SAQ_y =$ | 437 251 500 000 , 124 358 147 194 |
| $\Sigma x_i y_i =$ | 1 704 684 825 000 , 1 015 520 825 000 | | |
| $SPA =$ | 456 285 612 500 , 125 356 465 960 | | |
| $\bar{x} =$ | 193 753,03 , 167 955,16 | | |
| $s_x =$ | 122 706,04 , 66 281,21 | | |
| $\bar{y} =$ | 195 250,00 , 170 927,42 | | |
| $s_y =$ | 116 893,44 , 62 452,53 | | |
| $b_{yx} =$ | 0,947 , 0,951 | $b_{xy} =$ | 1,0435 , 1,008 |
| $r =$ | 0,9941 , 0,9776 | | |
| $SAQ_{y\cdot x} =$ | 5 149 025 462 , 5 144 148 065 | $SAQ_{x\cdot y} =$ | 6 727 338 053 , 5 436 769 086 |
| $s^2_{y\cdot x} =$ | 166 097 596 , 177 384 416 | $s^2_{x\cdot y} =$ | 217 010 905 . 187 473 796 |

Wir erhalten 2 Regressionskoeffizienten, die dicht bei 1 liegen, $b_{yx}$ ergibt sich zu 0,95 und $b_{xy}$ zu 1,04. Der Korrelationskoeffizient beträgt $r = 0{,}9941$.

Als Nächstes folgt die Prüfung der Nullhypothese $H_0 (= 0)$:

Püfung von $r$ ($N = 33$)

Zufallshöchstwert nach Tabelle 0,334 Fg. = 31 und $p = 0{,}05$
0,442 $p = 0{,}01$

$$r_{\text{ber}}\ 0{,}99 > r_{\text{tab}}\ 0{,}44 \,.$$

D. h., die Hypothese $e = 0$ kann verworfen werden.

Nullhypothese $(z - z_0)\ z \gtreqless u \cdot s_z$ , oder $z \gtreqless t \cdot s_z$ , $z = 3{,}80020$ ,

$$s_z = \frac{1}{\sqrt{N-3}} \qquad u \cdot s_z = 0{,}35 \,, \quad \text{oder } t \cdot s_z = 0{,}37 \,,$$

$$z_{\text{tab.}}\ 3{,}8 > t^{0,05} \cdot s_z^{0,37} \,.$$

D. h., die Nullhypothese kann verworfen werden.

Vertrauensbereich

$$z_{1,2} = z \pm u \cdot s_z ,$$
$$z_{1,2}^{0,05} = 3{,}80020 \pm 0{,}35784 ,$$
$$4{,}15804 > z > 3{,}44236 ,$$
$$\text{entspr.} \quad 0{,}9995 > r > 0{,}9978$$
$$\text{für } t_{30}^{0,05}: \quad 0{,}9995 > r > 0{,}9977 .$$

*Urliste*
*Auszählergebnisse von Thrombocyten [$m^3$]*
*gezählt nach 2 unterschiedlichen Methoden.*

| | x | y | | x | y |
|---|---|---|---|---|---|
| 1 | 42250 | 45500 | 18 | 187250 | 198500 |
| 2 | 56200 | 60500 | 19 | 188500 | 165250 |
| 3 | 57250 | 66500 | 20 | 191500 | 241000 |
| 4 | 60500 | 61000 | 21 | 202500 | 211000 |
| 5 | 98500 | 110250 | 22 | 206250 | 195500 |
| 6 | 102500 | 88000 | 23 | 214000 | 219000 |
| 7 | 105000 | 111250 | 24 | 221 500 | 219250 |
| 8 | 117500 | 138250 | 25 | 226500 | 222250 |
| 9 | 126250 | 135000 | 26 | 229500 | 224000 |
| 10 | 139650 | 151500 | 27 | 235000 | 216500 |
| 11 | 141500 | 146000 | 28 | 241500 | 237250 |
| 12 | 142500 | 146250 | 29 | 243250 | 231500 |
| 13 | 157250 | 171500 | 30 | 252500 | 259000 |
| 14 | 171500 | 187000 | 31 | 311750 | 308000 |
| 15 | 175250 | 178500 | 32 | 520000 | 500500 |
| 16 | 176500 | 165250 | 33 | 666000 | 644000 |
| 17 | 186250 | 188500 | | | |

$\bar{x} = 193\,753{,}03$
$s_x = 122\,706{,}04$
$\bar{y} = 195\,250{,}00$
$s_y = 116\,893{,}44$

Die Zufallshöchstwerte für $r$, die nach der bekannten Formel $t = \sqrt{\frac{1}{1-r^2}} \cdot \sqrt{N-2}$ (R. A. FISHER) zu berechnen waren, sind tabelliert. Für Fg. = 31 ergibt sich ein Zufallshöchstwert für $r$ von 0,44, das heißt, der errechnete Korrelationswert $r$ liegt wesentlich oberhalb des Zufallsbereiches. Damit ist $r$ signifikant von $\varrho = 0$ verschieden. Da $r$ also nicht normal verteilt ist, muß die bekannte $z$-Transformation nach R. A. FISHER durchgeführt werden. Es ergibt sich ein $z = 3{,}80020$, $s_z$ errechnet sich aus $\sqrt{\frac{1}{N-3}}$ und ist zu multiplizieren mit dem entsprechenden $u$-Wert für $p = 0{,}05$. Es ergibt sich $u \cdot s_z$ zu 0,35784, $z_{\text{tab}}$ 3,8. Der Vertrauensbereich ist $z \pm u \cdot s_z$, er errechnet sich zu 4,15804 . . . 3,44236, zurückgerechnet nach $r$ ergibt sich ein Vertrauensbereich des Korrelationskoeffizienten von 0,9995 . . . 0,9978 für eine Irrtumswahrscheinlichkeit von 95%. Rechnet man unter Benutzung der $t$-Verteilung, was richtiger erscheint, da es sich um ein kleines Zahlenmaterial handelt, so ergibt sich ein nur unwesentlich größerer Vertrauensbereich von $r$. Es zeigt sich also, daß es sich mathematisch um eine echte Korrelation handelt. Es ist danach zu erwarten, daß sich die errechneten $b_{yx}$ und $b_{xy}$ signifikant von $\beta = 0$ unterscheiden.

Eine einfache Überlegung ergibt aber, daß es von größerer Bedeutung ist, ob sich die Regressionskoeffizienten $b$ von $\beta = 1$ unterscheiden, da ja primär eine feste Abhängigkeit der einen von den anderen Werten anzunehmen war und die Werte nur zufällig unterschiedlich groß sein sollten bzw. durften. $t$ errechnet sich zu $t = \frac{b - \beta}{s_b}$.

Weiter ist:

Prüfung von $b$ (bei $N = 33$)

Hypothese $H(\beta = \beta_1)$, Annahme: $b \approx \beta = 1$

$$t = \frac{b - \beta}{s_b},$$

$$t = \frac{b_{yx} - \beta}{s_{b_{yx}}} = \frac{(1 - 0{,}947) \cdot 694\ 130{,}6}{\sqrt{\frac{437\ 251\ 500\ 000 - 0{,}947 \cdot 456\ 285\ 612\ 500}{31}}}$$

bzw.

$$t = \frac{b_{xy} - \beta}{s_{b_{xy}}} = \frac{(1{,}0435 - 1) \cdot 661\ 249{,}9}{\sqrt{\frac{481\ 817\ 874\ 697 - 1{,}0435 \cdot 456\ 285\ 612\ 500}{31}}};$$

$$t_{b_{yx}}\ 2{,}86 > \underset{31}{t_{\text{tab}}^{0,01}}\ 2{,}7,$$

d. h., $b_{yx}$ unterscheidet sich signifikant ($p = 0{,}01$) von $\beta = 1$,

$$t_{b_{xy}}\ 1{,}95 < \underset{31}{t_{\text{tab}}^{0,05}}\ 2{,}04,$$

d. h., $b_{xy}$ unterscheidet sich nicht signifikant ($p = 0{,}05$) von $\beta = 1$, allerdings ist der $t$-Wert auffällig hoch.

(bei $N = 31$)

$$t = \frac{b_{yx} - \beta}{s_{b_{yx}}} = \frac{(1 - 0{,}951) \cdot 363\ 037{,}0}{\sqrt{\frac{124\ 358\ 147\ 194 - 0{,}951 \cdot 125\ 356\ 465\ 961}{29}}}$$

bzw.

$$t = \frac{b_{xy} - \beta}{s_{b_{xy}}} = \frac{(1{,}008 - 1)\ \ 352\ 644{,}6}{\sqrt{\frac{131\ 796\ 086\ 775 - 1{,}008 \cdot 125\ 356\ 465\ 961}{29}}};$$

$$t_{b_{yx}}\ 1{,}34 < \underset{29}{t_{\text{tab}}^{0,05}}\ 2{,}06,$$

d. h., $b_{yx}$ unterscheidet sich nicht signifikant ($p = 0{,}05$) von $\beta = 1$,

$$t_{b_{xy}}\ 0{,}206 < \underset{29}{t_{\text{tab}}^{0,05}}\ 2{,}06,$$

d. h., $b_{xy}$ unterscheidet sich nicht signifikant ($p = 0{,}05$) von $\beta = 1$.

Der weitere Gang der Rechnung zeigt also, daß sich $b_{yx}$ sehr wohl signifikant von $\beta = 1$ unterscheidet, während der $t$-Wert für $b_{xy}$ nur auffällig hoch ist. Im ersten Moment vermutet man einen Rechenfehler, kontrolliert aber dann das Ergebnis vergeblich hinsichtlich eines solchen Fehlers.

Verfolgt man das Problem, so ergibt sich, daß zwei Wertepaare des Ausgangsmaterials den Normalbereich, sowohl im mathematischen wie auch im medizinischen Sinne, verlassen. Es handelt sich um die Werte 32 und 33 der Urliste, wo Thrombocytenzahlen von über 500000 bzw. über 600000 gefunden wurden. Eliminiert man diese beiden Paare — sie genügen jeweils dem Chauvenetschen-Kriterium (entsprechend $N = 33$ können alle Werte, die größer als 2,4 s sind, ausgeschlossen werden) —, so ergibt sich bei erneuter Durchrechnung, daß $SAQ_x$, $SAQ_y$ und $SPA$ wesentlich kleiner werden. Die erneute Prüfung der $b$ zeigt, daß $b_{yx}$ und $b_{xy}$ sich nicht bzw. nicht mehr signifikant von $\beta = 1$ unterscheiden.

Die Zahlen lassen unschwer erkennen, daß das unterschiedliche Ergebnis besonders durch die Verkleinerung der Zähler verursacht wird. Grund dafür ist, daß im Quotienten von $s_b$ die $SAQ$ im Nenner erscheint. Beide $SAQ$ sind aber erheblich kleiner. Man sieht, daß angenäherte Normalverteilung die Voraussetzung der Korrelations- und Regressionsanalyse ist. Wird diese Voraussetzung vernachlässigt, so kann es zu erheblichen Interpretations- und Aussagefehlern kommen.

Der Korrelationskoeffizient unterscheidet sich nach Eliminierung dieser beiden Werte nur unwesentlich von dem 1. Wert. Er beträgt $r = 0{,}9776$. Die Prüfung von $r$ gegen $\varrho = 0$ ergibt, daß $r$ signifikant außerhalb des Zufallsbereiches liegt, der Vertrauensbereich liegt zwischen 0,99 und 0,95 bei einer Irrtumswahrscheinlichkeit von 95%.

Die Gleichung der Geraden $y = \bar{y} + b_{yx}(x - \bar{x})$ und $X = \bar{x} + b_{xy}(y - \bar{y})$ ergibt folgende Werte:

$$N = 33\,,$$

$$Y = 0{,}947\,x + 11765{,}9\,,$$

$$X = 1{,}0435\,y - 9990{,}3\,;$$

$$N = 31\,,$$

$$Y = 0{,}951\,x + 11164{,}0\,,$$

$$X = 1{,}008\,y - 4299{,}7\,.$$

Eine graphische Darstellung zeigt, daß die Geraden dicht beeinander liegen.

Aus dem oben Dargestellten ist folgende Schlußfolgerung zu ziehen. Geht man davon aus, daß die Notwendigkeit der Erweiterung der Aussagekraft medizinischer Forschungsergebnisse mittels statistischer Analyse eine anerkannte Forderung ist, so muß man erwarten, daß der wissenschaftlich arbeitende Mediziner in der Lage ist, einfachere statistische Analysen selbst durchzuführen. Allerdings ergeben sich dabei leicht Schwierigkeiten bei Situationen, die dem Mathematiker wohl bekannt und dadurch ungefährlich sind. Für diesen ergibt sich eine Konsequenz. Er sollte den Nichtmathematiker, den er an statistische Methoden heranführen will, besonders sorgfältig auch auf die jeweiligen Voraussetzungen einer bestimmten mathematischen Analyse hinweisen. Nur so lassen sich grobe Fehler schon beim Verfahrensansatz vermeiden.

Auf eine zweite Fehlerquelle kann in diesem Zusammenhang nur ganz am Rande hingewiesen werden, sie liegt in der unterschiedlichen Nomenklatur der einzelnen Autoren. So wurden für den Regressionskoeffizienten der Regression von $y$ auf $x$ vier Bezeichnungen gefunden, nämlich $b_x$, $b_y$, $b_{yx}$, und $b_{xy}$. Diese unterschiedliche Nomenklatur bringt den Nichtmathematiker mit Leichtigkeit auf falsche Wege und erschwert ihm das statistische Arbeiten außerordentlich. Es sollte auch in dieser Hinsicht von den einzelnen Autoren versucht werden, dieses Problem zu bereinigen, indem sie ihren Lehrbüchern etwa eine Nomenklaturtabelle auch mit den Bezeichnungen anderer Autoren im Vergleich zu den bei ihnen verwandten Zeichen beigeben.

Zusammenfassung. Die verschiedenen Ergebnisse einer methodisch variierten Laboruntersuchung waren miteinander zu vergleichen. Bei paariger Anordnung der Meßwerte bot sich die Regressions- und Korrelationsanalyse als Vergleichsverfahren an. Dabei führte die Nichtnormalität des Ausgangsmaterials zu einer irrealen Interpretation der Ergebnisse. Erst nach Entfernung zweier Wertepaare aus dem Ausgangsmaterial, die dem CHAUVENETschen Kriterium genügten, war eine, der Wirklichkeit entsprechende, Aussage möglich. Auf weitere Fehlermöglichkeiten bei den verschiedenen Autoren durch eine stark differierende Nomenklatur wird hingewiesen.

## Literatur

[1] Documenta Geigy, Wissenschaftliche Tabellen. 6. Auflage, J. R. Geigy A. G., Pharmazeutische Abteilung, Basel 1960.
[2] Fisher, R. A., and Yates, F., Statistical Tables. 5. Auflage, Oliver and Boyd, London 1957.
[3] Pearson, E. S., und Hartley, H. O., Biometrika Tables for Statisticans. 2. Auflage, University Press, Cambridge 1958.
[4] Weber, E., Grundriß der biologischen Statistik. 4. Auflage, Fischer, Jena 1961.

# Erweiterung der Aussagekraft von Dauerversuchen bei Anwendung der Varianzanalyse

von U. Koss

Deutsche Akademie der Landwirtschaftswissenschaften zu Berlin,
Institut für Saatgut und Ackerbau, Halle — Lauchstädt

Eine Reihe älterer Dauerversuche, wie sie in verschiedenen Ländern anzutreffen ist, stellt heute die moderne Auswertungsmethodik vor besondere Aufgaben. Bei den teilweise seit Jahrzehnten angelegten Versuchen sind die Voraussetzungen für eine Anwendung der Varianzanalyse bei einer Auswertung eines einzelnen Jahres in der Regel nicht gegeben, da oft keine Wiederholungen oder, wenn solche vorhanden, so doch nicht nach Anlageprinzipien, die die Anwendung der Varianzanalyse ermöglichen. Die bisherige Auswertung solcher Dauerversuche beschränkte sich deshalb in den meisten Fällen auf eine einfache durchschnittliche Angabe der Erträge ohne nähere Kriterien über die statistische Sicherheit. Vom Standpunkt der landwirtschaftlichen Forschung aus betrachtet, stellen jedoch diese Dauerversuche trotz ihrer veralteten Anlagemethoden eine nicht wegzudenkende Quelle im heutigen Erkenntnisprozeß dar. Bei genügend langer Durchführung solcher Versuche, die zum Teil über Jahrzehnte hinausgeht, bietet sich die Möglichkeit, die Jahre als Wiederholungen zu betrachten und moderne Rechenverfahren in der Auswertung anzuwenden. Unter den in Deutschland geführten Dauerversuchen ist der „Statische Düngungsversuch" Lauchstädt neben dem „Ewigen Roggenbau" in Halle und dem „Dickopshofer Dauerversuch" der Universität Bonn einer der ältesten Versuche dieser Art. Er wurde 1902 von Schneidewind angelegt und bereits langjährig von Selke und Schmidt 1956 [1] sowie Rüther und Ansorge 1959 [2] nach 50jähriger Versuchsdurchführung ausgewertet. Bei dieser Auswertung wurden die langjährigen Erträge in zusammenfassender Form jeweils über Gruppen von mehreren Jahren dargestellt. Eine varianzanalytische Auswertung wurde hierbei nicht vorgenommen.

Im folgenden soll dargestellt werden, wie sich die Aussagekraft des Versuches durch die varianzanalytische Verrechnung erhöhen läßt.

Zunächst einige Bemerkungen zu dem Aufbau des „Statischen Düngungsversuch" Lauchstädt. In Tabelle 1 ist die Variantenfolge angegeben. Es handelt sich um 18 verschiedene Düngungsvarianten mit organischer und mineralischer Düngung. Die Anlage des Versuches hat keine Wiederholungen. Lediglich die Form der 4 angebauten Früchte, Zuckerrüben, Kartoffeln, Winterweizen und Sommergerste kann, in gewissem Sinne als eine Wiederholung aufgefaßt werden. Diese hat aber lediglich den Vorteil, daß jede der 4 Früchte in jedem Jahr zum Anbau gelangt und somit vollständige Ertragsreihen für die gesamte Versuchsdauer vorliegen. Die bisherigen mehrjährigen Versuchsauswertungen wurden in Form von Zehnjahrestrends vorgenommen, wobei man mit Hilfe dieses Zehnjahrestrends die Jahreswitterungen ausschaltete, um die variantentypische Wirkung zu erfassen. Die aufgetretenen Unterschiede zwischen den einzelnen Varianten konnten jedoch nicht statistisch gesichert werden. In der Aussage ging man in solcher Weise vor, daß man aus der Höhe der relativen Ertragsunterschiede die Sicherung schätzte in Anlehnung an sonst übliche gesicherte Differenzen bei Düngungsversuchen.

Mit Hilfe von Lochkarten war es möglich, das umfangreiche Datenmaterial des „Statischen Düngungsversuchs" Lauchstädt für eine Verrechnung nach der Varianzanalyse zu verarbeiten. Die Zusammenfassung der auswertbaren Versuchsjahre, welche bei den einzelnen Früchten zwischen 49 und 55 schwankt, wurde als Wiederholung aufgefaßt. Jede Frucht wurde als selb-

Tabelle 1

*Variantenfolge im „Statischen Versuch" Lauchstädt*

| Var. Nr. | |
|---|---|
| 1 | 300 dt/ha Stallmist + NPK |
| 2 | 300 dt/ha Stallmist + NP |
| 3 | 300 dt/ha Stallmist + NK |
| 4 | 300 dt/ha Stallmist + N |
| 5 | 300 dt/ha Stallmist + PK |
| 6 | 300 dt/ha Stallmist + O |
| 7 | 200 dt/ha Stallmist + NPK |
| 8 | 200 dt/ha Stallmist + NP |
| 9 | 200 dt/ha Stallmist + NK |
| 10 | 200 dt/ha Stallmist + N |
| 11 | 200 dt/ha Stallmist + PK |
| 12 | 200 dt/ha Stallmist + O |
| 13 | Ohne Stallmist NPK |
| 14 | Ohne Stallmist NP |
| 15 | Ohne Stallmist NK |
| 16 | Ohne Stallmist N |
| 17 | Ohne Stallmist PK |
| 18 | Ohne Stallmist O |

Tabelle 2

*Winterweizen-Erträge*

| | Korn bei 14% $H_2O$ | | | | |
|---|---|---|---|---|---|
| Var. Nr. | dt/ha | rel | $\bar{d}$ | t | p |
| 1 | 42,0 | 104 | 1,8 | 2,2 | 2,8 |
| 2 | 41,6 | 103 | 1,4 | 1,7 | 8,9 |
| 3 | 41,7 | 104 | 1,5 | 1,8 | 7,2 |
| 4 | 41,4 | 103 | 1,2 | 1,5 | 13,2 |
| 5 | 37,9 | 94 | 2,3 | 2,8 | 0,52 |
| 6 | 38,5 | 96 | 1,7 | 2,1 | 3,6 |
| 7 | 40,2 | 100 | — | — | — |
| 8 | 41,1 | 102 | 0,9 | 1,1 | 27,1 |
| 9 | 39,9 | 99 | 0,3 | 0,4 | 68,8 |
| 10 | 39,7 | 99 | 0,5 | 0,6 | 55,0 |
| 11 | 34,0 | 85 | 6,2 | 7,6 | $<0,10$ |
| 12 | 35,0 | 87 | 5,2 | 6,3 | $<0,10$ |
| 13 | 39,0 | 97 | 1,2 | 1,5 | 13,2 |
| 14 | 36,6 | 91 | 3,6 | 4,4 | $<0,10$ |
| 15 | 33,4 | 83 | 6,8 | 8,3 | $<0,10$ |
| 16 | 31,3 | 78 | 8,9 | 10,9 | $<0,10$ |
| 17 | 24,8 | 62 | 15,4 | 18,8 | $<0,10$ |
| 18 | 24,7 | 61 | 15,5 | 18,9 | $<0,10$ |
| GD + | 1,6 | 4 | | | |
| ++ | 2,1 | 5 | | | |
| +++ | 2,7 | 7 | | | |

ständiger Versuch gewertet und für sich verrechnet. Dieses Vorgehen ist aus dem Grunde möglich, weil der Versuch ohne jegliche Wiederholungen angelegt ist und somit praktisch eine beliebige Zahl von Varianten zu einem Versuch über Jahre zusammengefaßt werden kann. Der umfangreiche Rechenaufwand hierbei ist jedoch praktisch nur auf der Basis von Lochkarten zu bewältigen. Die erzielten Ergebnisse sind in den folgenden Tabellen 2—5 dargestellt.

Tabelle 3

*Sommergerste-Erträge*

| Var. Nr. | Korn bei 14% $H^2O$ | | | | |
|---|---|---|---|---|---|
| | dt/ha | rel | $\bar{d}$ | t | p |
| 1 | 35,2 | 106 | 2,1 | 3,3 | <0,10 |
| 2 | 33,7 | 102 | 0,6 | 0,9 | 36,8 |
| 3 | 33,1 | 100 | 0,0 | 0,0 | >92,0 |
| 4 | 32,1 | 97 | 1,0 | 1,6 | 11,0 |
| 5 | 29,5 | 89 | 3,6 | 5,6 | <0,10 |
| 6 | 28,1 | 85 | 5,0 | 7,8 | <0,10 |
| 7 | 33,1 | 100 | — | — | — |
| 8 | 33,0 | 100 | 0,1 | 0,2 | 84,1 |
| 9 | 30,3 | 92 | 2,8 | 4,4 | <0,10 |
| 10 | 29,6 | 89 | 3,5 | 5,5 | <0,10 |
| 11 | 26,7 | 81 | 6,4 | 10,0 | <0,10 |
| 12 | 24,2 | 73 | 8,9 | 13,9 | <0,10 |
| 13 | 31,1 | 94 | 2,0 | 3,1 | 0,20 |
| 14 | 30,4 | 92 | 2,7 | 4,2 | <0,10 |
| 15 | 24,0 | 73 | 9,1 | 14,2 | <0,10 |
| 16 | 23,2 | 70 | 9,9 | 15,5 | <0,10 |
| 17 | 18,5 | 56 | 14,6 | 22,8 | <0,10 |
| 18 | 15,5 | 47 | 17,6 | 27,5 | <0,10 |
| GD + | 1,3 | 4 | | | |
| ++ | 1,7 | 5 | | | |
| +++ | 2,1 | 6 | | | |

In Tabelle 2 finden wir zunächst die Winterweizenerträge mit den dazugehörigen statistischen Sicherungswerten. Als Bezugsvariante wird in Übereinstimmung mit bisherigen Auswertungen die Variante 7 (normale organische Düngung und mineralische Volldüngung) angesehen. Die einfache Sicherungsgrenze liegt mit relativ 4 sehr günstig und ist ein Maß für die Genauigkeit der Versuchsergebnisse. Es kommt zum Ausdruck, daß die Varianten 1—4, 6, 8—10 und 13 sich nicht gesichert von der Bezugsvariante unterscheiden. Die Varianten 11, 12 und 14—18 liegen unter der dreifachen Sicherungsgrenze von der Bezugsvarianten. Sie stellen also sehr gut gesicherte Mindererträge zur Bezugsvariante dar und erhärten die Aussagekraft des Versuches wesentlich.

Bei der Versuchsfrucht Sommergerste in Tabelle 3 tritt im wesentlichen das gleiche Bild auf wie bei Winterweizen. Auch hier liegt die Grenzdifferenz bei den 3 Sicherungsstufen für Getreideversuche sehr niedrig. Die Zahl der gesichert von der Bezugsvariante abweichenden Varianten ist höher und weist eine stärker differenzierte Düngungswirkung bei Sommergerste gegenüber Winterweizen auf. Auch sind die Unterschiede zwischen den Varianten deutlicher, wie dies an Hand der Differenzen und der daraus resultierenden $p$-Werte abgelesen werden kann.

Tabelle 4

*Kartoffel-Erträge*

| Var. Nr. | Knollen dt/ha | rel | $\bar{d}$ | t | p |
|---|---|---|---|---|---|
| 1 | 264 | 102 | 5 | 0,7 | 48,3 |
| 2 | 259 | 100 | 0 | 0,0 | >92,0 |
| 3 | 240 | 93 | 19 | 2,6 | 0,93 |
| 4 | 221 | 85 | 38 | 5,1 | <0,10 |
| 5 | 224 | 86 | 35 | 4,7 | <0,10 |
| 6 | 196 | 76 | 63 | 8,5 | <0,10 |
| 7 | 259 | 100 | — | — | — |
| 8 | 227 | 88 | 32 | 4,3 | <0,10 |
| 9 | 222 | 86 | 37 | 5,0 | <0,10 |
| 10 | 200 | 77 | 59 | 8,0 | <0,10 |
| 11 | 208 | 80 | 51 | 6,9 | <0,10 |
| 12 | 171 | 66 | 88 | 11,9 | <0,10 |
| 13 | 232 | 90 | 27 | 3,6 | <0,10 |
| 14 | 113 | 44 | 146 | 19,7 | <0,10 |
| 15 | 173 | 67 | 86 | 11,6 | <0,10 |
| 16 | 116 | 45 | 143 | 19,3 | <0,10 |
| 17 | 141 | 54 | 118 | 15,9 | <0,10 |
| 18 | 91 | 35 | 168 | 22,7 | <0,10 |
| GD + | 15 | 6 | | | |
| ++ | 19 | 7 | | | |
| +++ | 24 | 9 | | | |

In Tabelle 4 haben wir bei der Versuchsfrucht Kartoffeln eine noch stärkere Auswirkung der Düngungsmaßnahmen und können mit Hilfe der varianzanalytischen Verrechnung noch genauere Abstufungen zwischen den einzelnen Nährstoffkombinationen erkennen. Die Grenzdifferenz liegt in ihren relativen Werten jedoch deutlich höher als bei Getreide.

Bei der Versuchsfrucht Zuckerrüben schließlich in Tabelle 5 finden wir die gleiche Abstufung in den 3 Sicherungsstufen wie bei Winterweizen bei einer weniger differenzierten Abstufung der Varianten voneinander.

Die Vorteile der varianzanalytischen Verrechnung liegen also in erster Linie in einer statistisch gesicherten Differenzierung der einzelnen Düngungsvarianten sowie im genaueren Erkennen der spezifischen Reaktion verschiedener Kulturpflanzen auf die Düngung selbst. Ein Vergleich der erzielten Mittelergebnisse der einzelnen Varianten zu den bisher im Sechsjahresmittel errechneten Werten läßt im wesentlichen keine Unterschiede erkennen (Tab. 6).

Zusammenfassend kann folgendes gesagt werden:

1. Die Anwendung der Varianzanalyse in Dauerversuchen ohne Wiederholungen ist bei genügend langer Durchführung möglich.
2. Die Aussagekraft der Dauerversuche wird bedeutend erhöht.
3. Die Unterschiede der Varianten lassen sich statistisch sichern.

### Literatur

[1] SELKE, W., und U. SCHMIDT, Ein halbes Jahrhundert „Statischer Versuch" Lauchstädt I. Die Hackfruchterträge. Zeitschrift für Landw. Versuchs- und Untersuchungswesen 2 (1956) 60.

[2] RÜTHER, H., und H. ANSORGE, Ein halbes Jahrhundert „Statischer Versuch" Lauchstädt II. Die Getreideerträge. Zeitschrift für Landw. Versuchs- und Untersuchungswesen 5 (1959) 99.

Tabelle 5

*Zuckerrüben-Erträge*

| Var. Nr. | Rüben dt/ha | rel | $\bar{d}$ | t | p |
|---|---|---|---|---|---|
| 1 | 436 | 101 | 6 | 0,7 | 48,3 |
| 2 | 434 | 101 | 4 | 0,5 | 61,8 |
| 3 | 435 | 101 | 5 | 0,6 | 55,0 |
| 4 | 423 | 98 | 7 | 0,8 | 42,4 |
| 5 | 389 | 90 | 41 | 4,7 | <0,10 |
| 6 | 385 | 90 | 45 | 5,1 | <0,10 |
| 7 | 430 | 100 | — | — | — |
| 8 | 420 | 98 | 10 | 1,1 | 27,1 |
| 9 | 411 | 96 | 19 | 2,2 | 2,8 |
| 10 | 403 | 94 | 27 | 3,1 | 0,20 |
| 11 | 354 | 82 | 76 | 8,6 | <0,10 |
| 12 | 351 | 82 | 79 | 9,0 | <0,10 |
| 13 | 396 | 92 | 34 | 3,9 | <0,10 |
| 14 | 359 | 83 | 71 | 8,1 | <0,10 |
| 15 | 247 | 57 | 183 | 20,8 | <0,10 |
| 16 | 239 | 56 | 191 | 21,7 | <0,10 |
| 17 | 238 | 55 | 192 | 21,8 | <0,10 |
| 18 | 210 | 49 | 220 | 25,0 | <0,10 |
| GD + | 17 | 4 | | | |
| ++ | 23 | 5 | | | |
| +++ | 29 | 7 | | | |

Tabelle 6

*Winterweizenerträge des Statischen Versuchs Lauchstädt*

(Mittel der 6jährigen Gruppierung nach RÜTHER und ANSORGE [2])

| Var. Nr. | Kornertrag dt/ha | rel |
|---|---|---|
| 1 | 40,8 | 103 |
| 2 | 41,0 | 103 |
| 3 | 41,0 | 103 |
| 4 | 40,7 | 102 |
| 5 | 37,6 | 95 |
| 6 | 37,3 | 94 |
| 7 | 39,7 | 100 |
| 8 | 40,4 | 102 |
| 9 | 39,4 | 99 |
| 10 | 39,2 | 99 |
| 11 | 33,9 | 85 |
| 12 | 34,7 | 87 |
| 13 | 38,5 | 97 |
| 14 | 35,5 | 90 |
| 15 | 32,4 | 82 |
| 16 | 30,3 | 76 |
| 17 | 25,3 | 64 |
| 18 | 24,8 | 63 |

# Eine weitere Möglichkeit der Versuchsanordnung der Quantal-Antworten in der Virologie

von F. LINK

Virologisches Institut ČSAV, Bratislava

Für die Wirksamkeit eines Präparates wird nach TREVAN diejenige Dosis gewählt, die an 50% der Tiere wirksam ist, und diese Dosis wird mit LD 50 oder allgemeiner mit ED 50 bezeichnet. Da die Versuchstiere bei der Titration der Vermehrung der Mikroorganismen — speziell der Viren — ebenso alternativerweise reagieren, wird im allgemeinen zur Auswertung des Endpunktes der Titration der LD 50-Wert gewählt. Nicht nur bei einer Infektivitäts-Titration wertet man in dieser Weise zum Beispiel die Infektivität des Influenza-Virus in weißen Mäusen auf Grund der am 10. Tage nach der Infektion festgestellten Mortalität der Versuchstiere aus, sondern auch bei antiviral wirkenden Stoffen.

Wenn der Prozentsatz der alternativerweise reagierenden Tiere bei dem Vergleich der Wirksamkeit eines Test-Präparates mit seinem Kontroll-Präparat zwischen 10% und 90% liegt, lassen sich die Versuchsergebnisse ohne Schwierigkeit auswerten. Es kann aber passieren, daß die Sterblichkeit der Tiere in mehreren — wenn auch nicht in allen Versuchsgruppen — hundertprozentig ist. In solchen Fällen können wir zur Auswertung unserer Versuchsergebnisse natürlich den Parameter LD 50 nicht mehr verwenden, sondern ein weiterer Parameter ist zu finden, mit dessen Hilfe wir auch bei einer 100%igen Sterblichkeit der Versuchstiere eine Differenz zwischen den Versuchs- und Kontrolltieren auswerten können.

Die mittlere letale Dosis ist ein statischer Parameter, der uns über die Dynamik der Sterblichkeit — worum es eigentlich in der Virologie geht — keine Information liefert. Wir können eine Übersicht über die Dynamik eines solchen Versuches nur haben, wenn wir nicht den Endpunkt der Antworten, sondern den vollen Zeitablauf der Reaktion des biologischen Materials betrachten. Dies soll mit dem folgenden Beispiel demonstriert werden:

Beispiel 1. Es handelt sich um eine Influenza-Virus-Infektivitäts-Titration an weißen Mäusen; das Virusmaterial wurde in verschiedenen Konzentrationen verabreicht, und am 10. Tage des Versuches konnte das folgende Resultat registriert werden (Tab. 1):

Tabelle 1

*Kumulativer Prozentsatz der Sterblichkeit der weißen Mäuse, in den einzelnen Tagen nach der Virus-Infektion*

| Gruppe | Virus-Konz. | Zahl der Mäuse | Tage | | | | | | | | | |
|---|---|---|---|---|---|---|---|---|---|---|---|---|
| | | | 1. | 2. | 3. | 4. | 5. | 6. | 7. | 8. | 9. | 10. |
| 1. | $10^{-2}$ | 10 | — | — | 20 | 40 | 80 | 90 | 100 | 100 | 100 | 100 |
| 2. | $10^{-3}$ | 10 | — | — | — | — | 20 | 50 | 70 | 80 | 90 | 100 |
| 3. | $10^{-4}$ | 20 | — | — | — | — | — | 10 | 25 | 55 | 70 | 80 |
| 4. | $10^{-5}$ | 20 | — | — | — | — | — | — | — | 20 | 30 | 45 |
| 5. | $10^{-6}$ | 20 | — | — | — | — | — | — | — | — | 5 | 10 |
| 6. | $10^{-7}$ | 10 | — | — | — | — | — | — | — | — | — | — |

In Abb. 1 haben wir an der Abszisse die Viruskonzentrationen, an der Ordinate die Sterblichkeitsprozente des 10. Tages aufgezeichnet. Dieser Abbildung nach ist die LD 50 des verwendeten Materials gleich $10^{-4,8}$. Wenn wir jetzt die Versuchsergebnisse, die in der Tab. 1 summiert

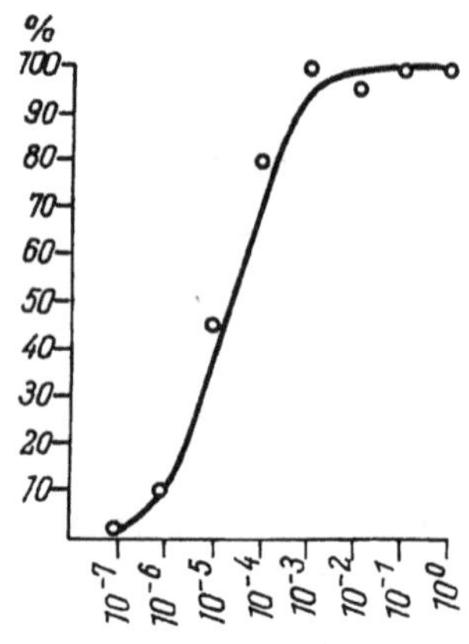

Abb. 1

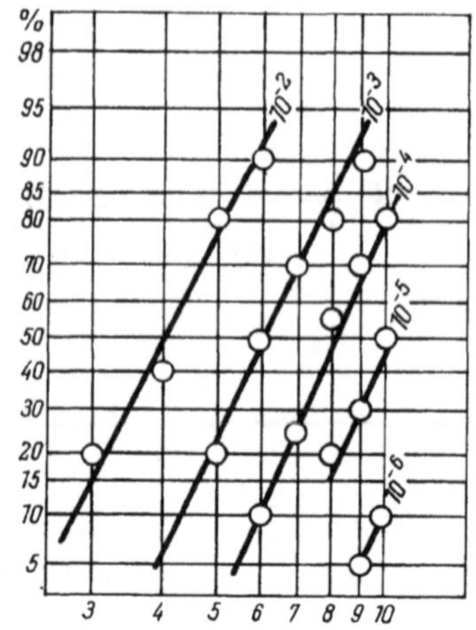

Abb. 2

wurden, in einem Log-Wahrscheinlichkeitsnetz darstellen, so daß wir an der Abszisse die Zeit in Tagen und an der Ordinate den Prozentsatz der getöteten Tiere aufzeichnen, erhalten wir einen Überblick über den dynamischen Verlauf der Infektion in den Mäusen (Abb. 2).

An dieser Abbildung können wir auf den ersten Blick einen parallelen Verlauf der einzelnen Regressionslinien feststellen. Diese Parallelität wurde bei einer 95%-Wahrscheinlichkeit als signifikant gefunden, und darum können die einzelnen Regressionslinien durch die dazugehörenden 50%-Werte charakterisiert werden. Diese 50%-Werte können wir im weiteren als einen weiteren Parameter zur Auswertung unserer Versuchsergebnisse benutzen und sie als ET 50 (effective time 50%) bezeichnen. Mit Hilfe dieses Parameters können wir den Zeitpunkt registrieren, wann 50% der Versuchstiere von den einzelnen Viruskonzentrationen getötet wurden, und damit auch in solchen Fällen eine Differenz zwischen den Viruskonzentrationen, die bei den Mäusen am 10. Tage nach der Infektion mehr als 50%ige Sterblichkeit hervorgerufen haben, auswerten. Die ET 50-Werte, die in der Tab. 2 zusammengefaßt dargestellt sind, zeigen, daß nach der Viruskonzentration $10^{-2}$ 50% der Versuchstiere am 4. Tage, nach $10^{-3}$ am 6., nach $10^{-4}$ am 8., nach $10^{-5}$ am 10.Tage getötet wurden.

Wir sehen, daß zwischen den ET 50-Werten zweitägige Differenzen vorhanden sind, die bei einer 95%igen Wahrscheinlichkeit als signifikant gefunden wurden.

Tabelle 2

| Konzentration des Virus | ET 50 | Konfidenzgrenze bei 95% Wahrsch. |
|---|---|---|
| $10^{-2}$ | 4 ± 0,15 | 3,7 – 4,3 |
| $10^{-3}$ | 6 ± 0,15 | 5,7 – 6,3 |
| $10^{-4}$ | 8 ± 0,37 | 7,3 – 8,7 |
| $10^{-5}$ | 10 ± 0,5 | 9,0 – 11 |

Je nachdem, ob wir nur eine Antwort darüber erhalten wollen, ob es sich zwischen zwei Präparaten um eine quantitative, oder qualitative Differenz handelt, genügt es, beide Viruspräparate nur in einer korrespondierenden Konzentration den Versuchstieren zu verabreichen, die so gut wie möglich eine 100%ige Mortalität in allen Gruppen hervorrufen. Auf Grund der erhaltenen Versuchsergebnisse können wir uns darüber äußern, ob es sich bei den geprüften Präparaten

a) um keine — nicht einmal qualitative oder quantitative —,

b) um eine qualitative,

c) um eine quantitative Differenz handelt, wenn es

ad a) keine Differenz zwischen den zwei geprüften ET 50-Werten gibt und die entsprechenden Regressionslinien parallel verlaufen,

ad b) keine Differenz zwischen den ET 50-Werten vorhanden ist, doch die Regressionslinien eine Abweichung von der Parallelität aufweisen,

ad c) die Regressionslinien parallel verlaufen, es aber doch eine Differenz zwischen den korrespondierenden ET 50-Werten gibt. Diese Versuchsanordnung kann als semiquantitative Analyse bezeichnet werden, da man damit eine quantitative Differenz nur zu beurteilen, aber nicht exakterweise auszuwerten im Stande ist.

Beispiel 2. Es wird der Einfluß einer 2,5%igen bzw. 25%igen Urethan-Lösung auf die Sterblichkeit der weißen Mäuse nach einer experimentellen Influenza-Virus-Infektion geprüft. Die weißen Mäuse wurden in der Kontrollgruppe mit einer Viruskonzentration $10^{-2}$ infiziert, und die infizierten Mäuse erhielten in den Versuchsgruppen täglich auch die Urethan-Lösung. Die Versuchsergebnisse sind in der Tab. 3 zusammengefaßt:

Tabelle 3

| Gruppe | Inokulation | Kumulativer Prozentsatz der Sterblichkeit der Mäuse in den einzelnen Tagen nach der Infektion | | | | | | | | ET 50 | Differenz der ET 50 | „t“ |
|---|---|---|---|---|---|---|---|---|---|---|---|---|
| | | 3 | 4 | 5 | 6 | 7 | 8 | 9 | 10 | | | |
| 1. | Virus $10^{-2}$ | 30 | 50 | 70 | 90 | 100 | 100 | 100 | 100 | 4 | | |
| 2. | Virus $10^{-2}$ + Urethan 2,5% | — | 20 | 40 | 70 | 80 | 90 | 90 | 90 | 5,4 | (1.—2.) 1,4 | p $<0,05$ |
| 3. | Virus $10^{-2}$ + Urethan 25% | — | 7 | 13 | 36 | 53 | 70 | 80 | 80 | 6,8 | (1.—3.) 2,8 | p $<0,05$ |

Graphisch dargestellt sehen wir (Abb. 3), daß zwischen den Regressionslinien keine Abweichung von der Parallelität vorhanden ist, und darum kann man eine signifikante Differenz zwischen den ET 50-Werten der Kontroll- bzw. der Versuchsgruppen als eine quantitative Differenz bestätigen.

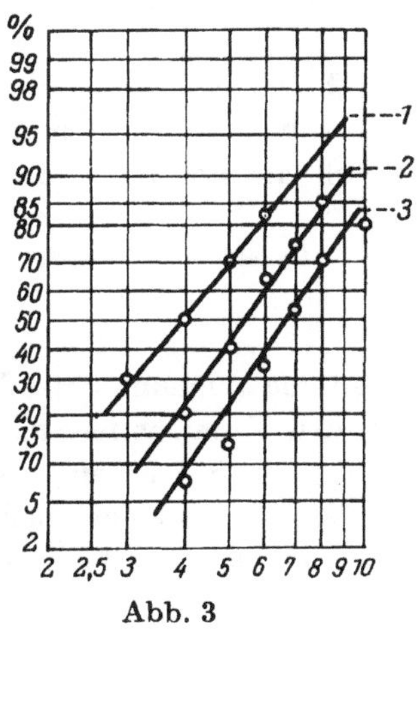

Abb. 3

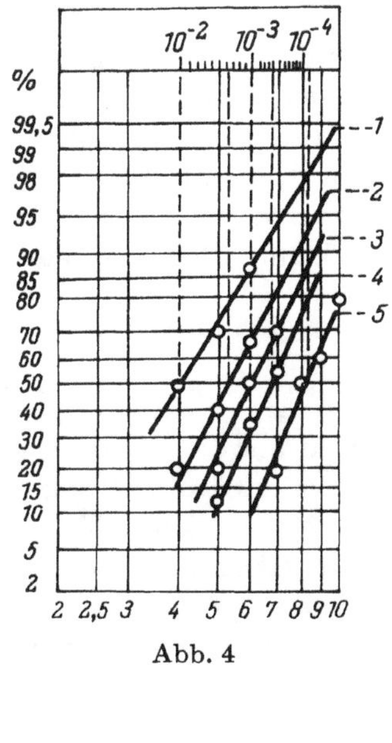

Abb. 4

Wenn es sich um eine komplette quantitative Analyse handelt, sollen wir das Standard-Viruspräparat „kalibrieren", d. h. dies den Versuchstieren in verschiedenen Konzentrationen verabreichen. Wenn wir gleichzeitig das Test-Virus-Präparat den Versuchstieren nur in einer Konzentration applizieren, können wir dessen Titer mit Hilfe einer Interpolation ausdrücken. Um eine solche Interpolation kann es sich natürlich nur in solchen Fällen handeln, wo alle Regressionslinien parallel verlaufen. Diese Versuchsanordnung wird als einfache quantitative Analyse bezeichnet. Über einen solchen Fall berichtet uns

Beispiel 3. Es wird der quantitative Einfluß einer 2,5%- bzw. 25%-Urethanlösung auf die Dynamik der Sterblichkeit der weißen Mäuse nach einer experimentellen Influenza-Virus-Infektion geprüft. Die weißen Mäuse wurden in den Kontrollgruppen mit Viruskonzentrationen $10^{-2}$, $10^{-3}$ und $10^{-4}$ infiziert, und die in den Versuchsgruppen nach einer Infektion mit Virus $10^{-2}$ gleichzeitig mit 2,5%- bzw. 25%-Urethan-Lösung behandelt. Die Ergebnisse siehe in der Tab. 4.

Tabelle 4

| Gruppe | Inokulation | Kumulativer Prozentsatz der Sterblichkeit der Mäuse in den einzelnen Tagen nach der Virus-Infektion | | | | | | | | ET 50 |
|---|---|---|---|---|---|---|---|---|---|---|
| | | 3 | 4 | 5 | 6 | 7 | 8 | 9 | 10 | |
| 1. | Virus $10^{-2}$ | 30 | 50 | 70 | 90 | 100 | 100 | 100 | 100 | 4,0 |
| 2. | Virus $10^{-3}$ | — | — | 20 | 50 | 70 | 80 | 80 | 80 | 6,0 |
| 3. | Virus $10^{-4}$ | — | — | — | — | 20 | 50 | 60 | 70 | 8,0 |
| 4. | Virus $10^{-2}$ + Urethan 2,5% | — | 20 | 40 | 70 | 80 | 90 | 90 | 90 | 5,4 |
| 5. | Virus $10^{-2}$ + Urethan 25% | — | 7 | 13 | 36 | 53 | 70 | 80 | 80 | 6,8 |

Graphisch dargestellt (Abb. 4) sehen wir, daß wir die ET 50-Werte nach der Urethanbehandlung in die Kalibrationskurve ohne Schwierigkeit interpolieren dürfen, da die Regressionslinien parallel verlaufen und zwischen den ET 50-Werten konstante zweitägige Differenzen vorhanden sind. Auf Grund dieser Ergebnisse können wir aussagen, daß die 2,5%-Urethanbehandlung den Titer der Virusinfektion um 0,75, die 25%-Urethanbehandlung diesen um 1,4 log herabgesetzt hat.

Wenn es sich um eine Differenz in der Parallelität zwischen den einzelnen Regressionslinien handelt, mit anderen Worten, wenn die Dynamik der Infektion auch von weiteren Faktoren beeinflußt zu sein scheint, müssen wir beide Präparate „kalibrieren", d. h. müssen diese in verschiedenen Konzentrationen den Versuchstieren verabreichen, wo eine quantitative Beziehung nur zwischen den parallel verlaufenden Regressionslinien der prüfenden Präparate vorhanden sein kann. Diese Art der Versuchsanordnung soll als kombinierte quantitative Analyse bezeichnet werden.

## Zusammenfassung

Wenn man nicht nur die statische, sondern auch die dynamische Wirkung einer Behandlung prüfen will, soll die mittlere Toleranz der alternativ reagierenden Versuchstiere anstatt ED 50 (effective dose 50%) mit Hilfe ET 50 (effective time 50%) ausgewertet werden. Die ET 50 ist die Zeit, wo bei der Hälfte der Gesamtheit eine Wirkung registriert wird. Je nach dem Charakter der Versuchsanordnung handelt es sich danach um eine 1. semiquantitative (eindosige), 2. einfache quantitative, ferner 3. kombinierte quantitative Analyse.

# Über eine Eigenschaft des sequentiellen Prüfverfahrens

von V. Malý

Statistische Abteilung des Instituts für Gesundheitswesen der medizinischen Fakultät der Karls-Universität Prag

## 0. Das einfache Sequenz-Testverfahren. Bezeichnung

Es ist eine Zufallsgröße $\xi$ in einer Grundgesamtheit gegeben, ihre Verteilungsfunktion $f(\xi, \Theta)$ wird als bekannt angesehen, der Wert des Parameters $\Theta$ ist aber unbekannt. Man weiß nur, daß $\Theta$ in einem Intervall $\langle a; b\rangle$ liegt. Die Stichprobenwerte von $\xi$ seien $x_1, x_2, \ldots$. Mit Hilfe dieser Stichprobe sind zwei einfache Hypothesen über $\Theta$ gegeneinander zu prüfen:

$$H_0 \equiv \Theta = \Theta_0 \quad \text{gegen} \quad H_1 \equiv \Theta = \Theta_1$$

mit $a < \Theta_0 < \Theta_1 < b$. Es sind weiter zwei Größen $\alpha$ und $\beta$ gegeben, die die Wahrscheinlichkeiten des Fehlers 1. bzw. 2. Art darstellen.

Für ein solches Testverfahren kann ein graphischer Sequenzplan konstruiert werden. In dem rechtwinkligen Koordinatensystem werden zwei parallele Geraden $L_0$, $L_1$ eingezeichnet. Jeder Wert der Stichprobe wird durch eine Abszisse charakterisiert; ihre Länge ist so gewählt, daß ihre Projektion auf die Horizontalachse gleich der Einheitsabszisse dieser Achse ist, die Neigung der Abszisse hängt vom Werte $x_i$ ab. Die einzelnen Abszissen folgen lückenlos aufeinander (der Endpunkt der $x_i$-Abszisse ist der Anfangspunkt der $x_{i+1}$-Abszisse) und bilden die sog. Spur, die durch jede Beobachtung länger wird. Das Verfahren wird fortgesetzt, bis die Spur eine der $L$-Geraden erreicht oder schneidet; dann ist das Verfahren zu Ende und $H_0$ oder $H_1$ wird angenommen, je nachdem $L_0$ oder $L_1$ erreicht worden ist.

Durch die vier Größen $\Theta_0, \Theta_1, \alpha, \beta$ ist (bei bekannter Form von $f(\xi; \Theta)$) das Sequenzverfahren vollkommen und eindeutig bestimmt.

Bei dem Sequenzverfahren ist $n$, der Stichprobenumfang, eine zufällige Größe; als solche hat sie einen Erwartungswert $E(n)$, der von den vier oben genannten Größen und noch vom wahren (unbekannten) Wert $\bar{\Theta}$ des Parameters $\Theta$ abhängt. Die Abhängigkeit der Größe $E(n)$ von $\Theta$ gibt die $ASN$-Funktion (bzw. Kurve), die Funktion des durchschnittlichen Stichprobenumfanges. Die schematische graphische Darstellung einer solchen ASN-Funktion bringt Abb. 1.

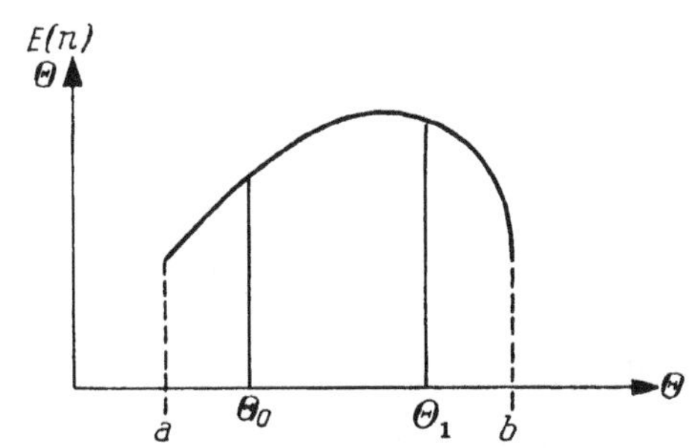


Abb. 1

## 1. Problem und seine allgemeine Lösung

Nach dem Bernoulli-Theorem ist $E(y) = n\,p$, wobei $y$ die Zahl der Erfolge unter $n$ Beobachtungen und $p$ die Wahrscheinlichkeit des Erfolges ist; dabei werden $n$ und $p$ als bekannt vorausgesetzt. Nach dem Rückschluß von Bayes ist — falls $y$ und $n$ bekannt sind — $E(p) = \frac{y}{n}$.

Einen ähnlichen Rückschluß versuchen wir jetzt bei dem Sequenzverfahren zu machen. Die *ASN*-Funktion drückt $E(n)$ als Funktion von $\Theta$ aus; kann man — falls $n$ gegeben ist — etwas über $\overline{\Theta}$ erfahren? Anders gesagt: Kann man aus der Tatsache, daß das Verfahren nach $n = N$ Schritten (d. h. Beobachtungen) durch die Annahme von $H_i$ abgeschlossen worden ist, irgend eine Information über $\overline{\Theta}$ gewinnen?

Nach Einführen der üblichen Bezeichnungen

$$z_i = \log \frac{f(x_i;\ \Theta_1)}{f(x_i;\ \Theta_0)}, \qquad C_1 = \log \frac{1-\beta}{\alpha}, \qquad C_0 = \log \frac{\beta}{1-\alpha}$$

gehen wir von der Grundgleichung der Sequenzanalyse aus (s. [1], S. 53, 3:55):

$$E_\Theta(n) = \frac{E\,(z_1 + z_2 + \cdots + z_n)}{E_\Theta(z)}\,; \tag{1}$$

es ist nötig zu betonen, daß der Zähler von $\Theta$ unabhängig ist. Wir werden jetzt voraussetzen, daß das Verfahren nach $n = N$ Schritten durch die Annahme von $H_i$ abgeschlossen worden ist. Die Annahme von $H_i$ erfolgt, falls $z_1 + z_2 + \cdots + z_N = C_i$ ist. [1]) Für alle „bedingte" Entscheidungen, bei denen $H_i$ angenommen wird, wird also auch $E\,(z_1 + z_2 + \cdots + z_N)$ durch $C_i$ ersetzt. Wir werden weiter voraussetzen, daß unser $N$ gleich $E(n)$ für den wahren Wert $\overline{\Theta}$ von $\Theta$ ist; aus $N = E_\Theta(n)$ bekommen wir

$$E_\Theta(z) = \frac{C_i}{N}, \tag{2}$$

was eine Gleichung für $\overline{\Theta}$ ist. Aus dieser Gleichung kann $\overleftarrow{\Theta}$ berechnet werden (im allgemeinen Falle muß die Lösung nicht einfach sein); dieses $\overleftarrow{\Theta}$ stellt eine „Schätzung" von $\overline{\Theta}$ dar. Diese Schätzung hat folgende Eigenschaft: Wenn $\overleftarrow{\Theta}$ wirklich der wahre Wert $\overline{\Theta}$ von $\Theta$ ist, dann wird bei mehrmaligen Wiederholungen des Verfahrens (für jene Wiederholungen, die zur Annahme von $H_i$ führen) der Erwartungswert des Stichprobenumfanges gleich $N$.

Es ist klar, daß $\overleftarrow{\Theta}$ von $\Theta_0$, $\Theta_1$, $\alpha$, $\beta$ und auch von $N$ abhängig ist. Es handelt sich immer um einen „bedingten"Schätzwert, nämlich wenn $H_i$ angenommen worden ist.

## 2. Anwendung auf die Binomialverteilung

Unter Benutzung von zwei Hilfsgrößen

$$G = \log \frac{1-p_0}{1-p_1} > 0\,, \qquad H = \log \frac{p_1}{p_0} > 0$$

ergibt sich

$$E_p(z) = p\,(G + H) - G \tag{3}$$

und aus (2)

$$p\,(G + H) - G = \frac{C_i}{N}. \tag{4}$$

Für die Lösung $\overleftarrow{p}$ von (4) haben wir

$$\overleftarrow{p}_i = \frac{C_i}{G + H} \cdot \frac{1}{N} + \frac{G}{G + H}. \tag{4'}$$

Die Gleichung der Annahmegeraden $L_i$ ist aber

$$L_i \equiv y = \frac{C_i}{G + H} + \frac{G}{G + H}\,n\,, \tag{5}$$

wobei $y$ die Zahl der Erfolge unter $n$ Beobachtungen ist. Durch Vergleich von (4) und (5) bekommt man

$$\overleftarrow{p}_i = \frac{y}{n}.$$

[1]) Streng genommen sollten wir $\leqq C_0$ bzw. $\geqq C_1$ schreiben, wir werden aber — wie es üblich ist — das Überschreiten von $C_i$ vernachlässigen.

Für die Binomialverteilung wird die Spur in dem $(n; y)$-Netz eingezeichnet; die Koordinaten des Schnittpunktes der Spur und der zugehörigen Entscheidungsgeraden (je nachdem zu welcher Entscheidung man gekommen ist) geben eine „Schätzung" des unbekannten Parameters $p$, Schätzung im oben erwähnten Sinne.

Jede der Entscheidungsgeraden kann also eine Schätz-Skala tragen, die zur Schätzung von $\bar{p}$ dienen kann.

Es bleibt unentschieden, ob man zur Schätzung den Schnittpunkt der Spur und der Geraden oder den Endpunkt der Spur benutzen soll; dies ist durch Benutzung von $E(z) = C_i$ statt $\leq C_0$ bzw. $\geqq C_1$ gegeben. Auf diese Frage soll hier nicht näher eingegangen werden, da sie praktisch irrelevant ist; der Unterschied der aus beiden Punkten berechneten Schätzungen ist so klein, daß er keine praktische Bedeutung hat.

Es gilt also für $\overline{p_i}$

$$\overline{p_i} = \frac{C_i}{G + H} \cdot \frac{1}{n} + \frac{G}{G + H}.$$

Für $n \to \infty$ haben wir

$$\lim_{n \to \infty} \overline{p_0} = \lim_{n \to \infty} \overline{p_1} = \overline{p}_{\text{lim}} = \frac{G}{G + H}.$$

Mit wachsendem $n$ nähert sich also der Schätzwert dem Grenzwert $\overline{p}_{\text{lim}}$, und zwar von oben ebenso wie von unten, je nachdem $H_1$ bzw. $H_0$ angenommen worden ist. Es ist leicht einzusehen, daß für $n_1$, $n_2$ mit $n_1 < n_2$

$$\overline{p_1}(n_2) > \overline{p_1}(n_1), \quad \overline{p_0}(n_1) < \overline{p_0}(n_2)$$

ist.

Für $\alpha = \beta$ ist $-C_0 = C_1 > 0$, und für jedes $n$ liegen die beiden $p_i$-Werte symmetrisch zu $\overline{p}_{\text{lim}}$.

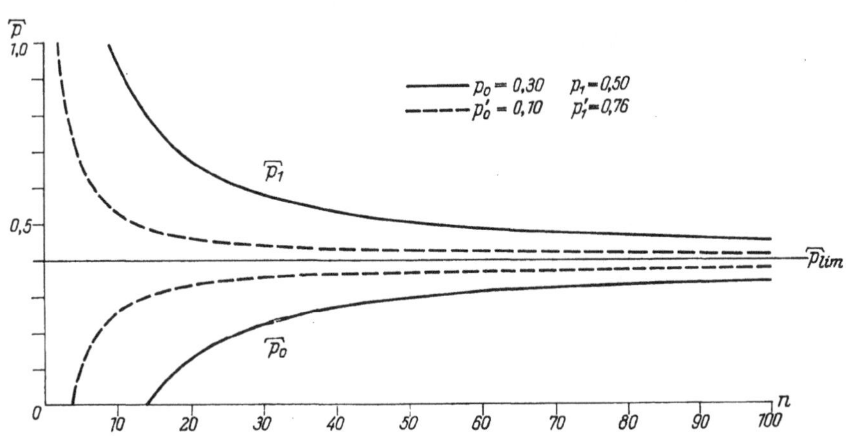


Abb. 2

Um die Abhängigkeit $\overline{p_i}$ von $n$ klar und anschaulich zu machen, ist ein Beispiel berechnet und gezeichnet worden. Für $\alpha = \beta = 0{,}01$ sind zwei Paare von Hypothesen gegeneinander geprüft worden: $p_0 = 0{,}30$ gegen $p_1 = 0{,}50$ und $p_0' = 0{,}10$ gegen $p_1' = 0{,}76$. Dabei ist $p_1'$ so gewählt worden, daß beide Testverfahren zu demselben $\overline{p}_{\text{lim}}$ führen (streng genommen ist $p_{\text{lim}} = 0{,}397$, $\overline{p}'_{\text{lim}} = 0{,}395$). Abb. 2 zeigt den Verlauf von $p_i$- bzw. $p_i'$-Kurven, $i = 0{,}1$.

Man kann beweisen, daß $p_0 < \overline{p}_{\text{lim}} < p_1$ sein muß; es zeigt sich, daß $\overline{p}_{\text{lim}}$ ungefähr in der Mitte zwischen $p_0$ und $p_1$ liegt.

Schließlich sind die $\overline{p_i}$-Kurven für zwei Testverfahren verglichen worden, nämlich für $p_0$ gegen $p_1(T)$ und $p_0'$ gegen $p_1'(T')$ mit $p_0' < p_0 < p_1 < p_1'$. Abb. 2 zeigt, daß die $\overline{p_i}$-Kurven (bei demselben Paar $\alpha$ und $\beta$!) schneller zu $\overline{p}_{\text{lim}}$ gehen für $T'$-Verfahren als für $T$-Verfahren. Sollte dies der Fall sein, muß $G + H < G' + H'$ sein. Das Einsetzen in diese Ungleichung führt zu

$$\frac{p_0'(1-p_0)}{p_0(1-p_0')} < \frac{p_1'(1-p_1)}{p_1(1-p_1')},$$

diese Bedingung ist aber erfüllt (für $p_0' < p_0, p_1' > p_1$); der linke Bruch ist sogar $< 1$, der rechte dann $> 1$.

## 3. Anwendung auf die Normalverteilung

Es sei $\xi$ eine normalverteilte Zufallsgröße mit bekannter Streuung $\sigma^2$; die geprüften Hypothesen seien: $\mu = m_0$ gegen $\mu = m_1$ ($> m_0$). Es ist

$$E_\mu(z) = \frac{1}{2\sigma^2}\left[2(m_1 - m_0)\mu + m_0^2 - m_1^2\right].$$

Wir bezeichnen noch $m_1 + m_0 = S$, $m_1 - m_0 = D$. Wird $E_\mu(z)$ in (2) eingesetzt, bekommt man nach Umformen

$$\overline{\mu_i} = \frac{C_i\sigma^2}{D} \cdot \frac{1}{n} + \frac{S}{2}. \tag{6}$$

Die Gleichungen der $L_i$-Geraden sind aber

$$L_i \equiv y = \frac{C_i\sigma^2}{D} + \frac{S}{2}n \tag{7}$$

mit $y = \sum_{i=1}^{n} x_i$. Aus (6) und (7) sieht man, daß die Entscheidungsgeraden wieder als Schätzkurven dienen können; die Ordinate des Schnittpunktes der Spur und der Annahmegeraden ist die Summe der $x_i$-Werte der Stichprobe, $\overline{\mu_i}$ ist daher das arithmetische Mittel der Stichprobe.

Zwei Eigenschaften des Verfahrens für diese Verteilung sollen hier ohne Beweis aufgeführt werden, da sie leicht abzuleiten sind: Es ist $\overline{\mu}_{\lim} = \frac{S}{2}$, und die Breite des Streifens zwischen $\overline{\mu_i}$-Kurven ist der Differenz $D = m_1 - m_0$ indirekt proportional.

### Literatur

[1] Wald, A., Sequential analysis. J. Wiley, 1947.

# Der Vergleich der Ergebnisse der Faktoranalyse in mehreren Populationen

von D. Rasch

Institut für Tierzuchtforschung, Rostock

1. Bekanntlich ist die Faktoranalyse ein spezielles Verfahren der multivariablen Analyse. Wir beschränken uns hier auf die Behandlung des sogenannten Mehrfaktorenmodells

$$x = A f + B s , \tag{1}$$

das das gebräuchlichste lineare Modell der Faktoranalyse darstellt. Hierbei sind $x$ und $s$ $n$-dimensionale Zufallsvariable, $f$ eine $p$-dimensionale Zufallsvariable von gemeinsamen Faktoren, $A$ eine Matrix von Konstanten der Ordnung $n \cdot p$, ihre Elemente heißen Faktorladungen, und $B$ eine $n \cdot n$ Diagonalmatrix mit konstanten Elementen. Es gilt ferner $p \leq n$. Die Elemente von $s$ nennt man spezifische Faktoren (alle Vektoren sind Spaltenvektoren). Das Modell (1) wird meist unter den Nebenbedingungen

$$E(f, f') = E_p , E(s, s') = E_n , E(f, s') = O_{p,n} , E(f) = O_p , E(s) = O_n \quad ^{1)} \tag{2}$$

angesetzt (teilweise entfällt die erste Bedingung von (2)). Die Aufgabe der Faktoranalyse besteht darin, aus Realisationen von $x$ Schätzwerte für $A$ und $B$ zu bestimmen und in bestimmten Fällen Näherungswerte für $f$ zu ermitteln. Die Komponenten von $x$ mögen standardisierte Variable ($E(x_i) = 0$, $E(x_i^2) = 1$) sein. Dann ist die Kovarianzmatrix von $x$ identisch mit der Korrelationsmatrix, und für beide folgt aus (1) unter Berücksichtigung von (2)

$$R = A A' + B^2 , \tag{3}$$

wenn mit $R$ die Korrelationsmatrix von $x$ bezeichnet wird.

Entsprechend der Aufgabenstellung, den Vektor $x$ durch einen Vektor $f$ von möglichst geringer Zeilenzahl zu approximieren, soll $A$ so bestimmt werden, daß der Anteil von $f$ an der Varianz von $x$ möglichst groß ist, die Zahl $p$ der Elemente (Faktoren) von $f$ jedoch möglichst klein bleibt. Das bedeutet, daß zunächst die Matrix $B^2$ so zu wählen ist, daß der Rang von $R - B^2$ ein Minimum wird, $R - B^2$ aber gleichzeitig positiv semidefinit und symmetrisch ist (Kommunalitätenproblem). Nach der Schätzung von $B^2$ erfolgt die Schätzung von $A$ nach einem der üblichen Verfahren (Schwerpunkt-, Hauptfaktoren-, Maximum-Likelihood-Methode), auf die hier nicht näher eingegangen werden soll.

2. Durch die erste Nebenbedingung unter (2) erfolgte eine Beschränkung auf den Fall orthogonaler Faktoren. Trotz dieser Beschränkung ist eine Lösung $A_0, f_0$ nicht eindeutig (die Existenz von Lösungen wird hier vorausgesetzt). Transformiert man nämlich $f_0$ vermittels einer nicht singulären Matrix $T$ der Ordnung $p \cdot p$ mit konstanten Elementen

$$f_1 = T f_0 ,$$

so ist mit $A_1 = A_0 T^{-1}$ Gleichung (1) erfüllt. Da nach (2) aber auch $E(f_1 f_1') = E_p$ gelten soll, muß $T$ eine orthogonale Matrix sein. Es ist noch zu zeigen, daß alle Lösungen durch orthogonale

[1]) Wird $f$ als Zufallsvariable angesehen, so bezeichnet man das Modell (1) als Modell II der Faktoranalyse. Mitunter wird $f$ als Parametervektor angesehen, man spricht dann vom Modell I der Faktoranalyse. Wir beschränken uns in dieser Arbeit auf die Behandlung von Modell II.

Transformationen auseinander hervorgehen. Besteht die Beziehung

$$A_1 A_1' = A_0 A_0' \quad (\mathrm{Rg}\,(A_0) = p)\,,$$

so kann $A_0$ durch eine orthogonale Transformation in $A_1$ überführt werden. Mit $A_0$ hat auch $A_0 A_0'$ und damit auch $A_1$ den Rang $p$. Multipliziert man die Ausgangsgleichung einmal von rechts mit $A_1(A_1' A_1)^{-1}$ und zum anderen von links mit $(A_1' A_1)^{-1} A_1'$, so folgt einmal

$$A_1 = A_0 A_0' A_1(A_1' A_1)^{-1} = A_0 U\,, \qquad U = A_0' A_1(A_1' A_1)^{-1} \tag{4}$$

und zum anderen

$$A_1' = (A_1' A_1)^{-1} A_1' A_0 A_0' = U' A_0'\,, \quad U' = (A_1' A_1)^{-1} A_1' A_0\,. \tag{5}$$

Aus (4) und (5) ergibt sich dann die Orthogonalität von $U$ wegen

$$A_1 A_1' = A_0 U U' A_0' = A_0 A_0' \quad (U U' = E_p)\,.$$

Modell (1) besitzt folglich unter den Nebenbedingungen (2) unendlich viele Lösungen, die durch orthogonale Transformationen ineinander überführt werden können. Vom statistischen Standpunkt aus sind alle Lösungen gleichberechtigt. Es ist jedoch oft einfacher, eine transformierte Matrix $A$ von Faktorladungen zu interpretieren als die ursprüngliche Lösung, die sich aus einer der drei genannten Extraktionsmethoden ergab. Das ist besonders dann der Fall, wenn die Transformation zu diesem Zweck unter bestimmten Nebenbedingungen durchgeführt wird. Solche Bedingungen wurden von Thurstone in seinem Prinzip der einfachen Struktur und von Cattell in dem Prinzip der parallel-proportionalen Profile aufgestellt. Während Thurstone in mehreren Punkten die Eigenschaften zusammenstellt, die eine Matrix von Faktorladungen haben muß, damit sie einfach interpretierbar ist (es handelt sich um analytisch schwer faßbare und daher analytisch auch exakt nicht herbeiführbare Bedingungen), ging es Cattell darum, die Mehrdeutigkeit der Lösungen dazu zu benutzen, eine möglichst einfache Vergleichsmöglichkeit zwischen zwei solchen Faktormatrizen zu schaffen. Cattells Prinzip besteht darin, zwei Matrizen, die Ladungen der gleichen Faktoren enthalten, so zu transformieren, daß entsprechende Ladungen einander proportional werden. Der Vergleich zweier Matrizen von Faktorladungen hängt nach diesem Verfahren von dem Geschick des Bearbeiters ab, Transformationen zu finden, die zu proportionalen Profilen führen — soweit solche überhaupt existieren.

**3.** Es soll im folgenden eine analytische Vergleichsmöglichkeit von Faktormatrizen aus verschiedenen Populationen diskutiert werden, die sich auf Arbeiten von Ahmavaara stützt. $x$ sei wie bisher eine zufällige Variable, $P_1, \ldots, P_r$ seien $r$ Populationen. Die Realisationen von $x$ in den einzelnen Populationen sollen mit $X_1, \ldots, X_r$ bezeichnet werden. Es wird vorausgesetzt, daß $x$ in jeder Population $P_i$ durch gemeinsame Faktoren $f_i$ nach Modell (1) dargestellt werden kann:

$$P_i{:}\, x = A_i f_i + B_i s_i\,. \tag{6}$$

Wie bereits erwähnt, sind die $A_i$ und $f_i$ in allen Populationen nur bis auf orthogonale Transformationen bestimmbar. Eine für die Anwendungen wichtige Frage lautet nun: Gibt es in den $r$ Populationen bezüglich der zufälligen Variablen $x$ einen Faktorvektor $f_0$, der allen Populationen gemeinsam ist, d. h., gibt es eine zufällige Variable $f_0$, die durch orthogonale Transformationen in jedes der $f_i$ überführt werden kann. Das ist gleichbedeutend mit der Frage nach einer allen Populationen gemeinsamen Faktorstruktur (Tierzucht, Körpermessungen, Rassen, Geschlechter, Altersstufen).

Wir wollen annehmen, es gäbe ein solches $f_0$. Dann muß es in jeder Population der Lösungsmannigfaltigkeit $f_i$ angehören. D. h., liegt irgendeine Lösung $f_i^{(1)}$, $A_i^{(1)}$ vor, so erhält man aus

$$A_0 f_0 = A_i^{(1)} f_i^{(1)}$$

$$f_0 = (A_0' A_0)^{-1} A_0' A_i^{(1)} f_i^{(1)}\,, \quad f_0 = T_{0i} f_i^{(1)} = (A_0' A_0)^{-1} A_0' A_i^{(1)} f_i^{(1)}\,. \tag{7}$$

$T_{0i}$ ist eine orthogonale Transformation, wie man durch Vergleich mit (5) sieht. $T_{0i}$ überführt folglich den durch ein spezielles Extraktionsverfahren erhaltenen Vektor $f_i^{(1)}$ in den allen Populationen gemeinsamen Vektor $f_0$. Wie leicht ersichtlich ist, gilt auch

$$A_0 = A_i^{(1)} T_{0i}^{-1} .$$

O. B. d. A. kann man den extrahierten Faktor der 1. Population mit $f_0$ identifizieren:

$$A_1^{(1)} = A_0; \quad f_1^{(1)} = f_0 .$$

Dann kann man mit Hilfe der Transformationsmatrizen $T_{12}, \ldots, T_{1r}$ alle Populationen auf die Struktur

$$R = A_1^{(1)} f_1^{(1)} + B_i s_i$$

bringen. Voraussetzung dafür ist, daß die ersten beiden Momente von $x$ in allen Populationen gleich sind, da sonst durch die Standardisierung in den verschiedenen Populationen unterschiedliche Maßstäbe zugrunde gelegt würden. Sind die Matrizen $T_{1i}$ bekannt, so können mit ihrer Hilfe beliebige Vergleiche zwischen den Populationen $P_j$ und $P_k$ durchgeführt werden, da $T_{jk} = T_{1j}^{-1} T_{1k}$ ist. Allgemeiner gilt die Beziehung

$$T_{ij} = T_{ik} T_{kj} . \tag{8}$$

Auf Grund der Gruppeneigenschaft orthogonaler Transformationen ist $T_{ij}$ orthogonal, wenn $T_{ik}$ und $T_{kj}$ orthogonal sind.

(8) folgt aus

$$T_{ik} = (A_i' A_i)^{-1} A_i' A_k$$

und

$$T_{kj} = (A_k' A_k)^{-1} A_k' A_j$$

$$T_{ik} T_{kj} = (A_i' A_i)^{-1} A_i' A_k (A_k' A_k)^{-1} A_k' A_j$$

wegen

$$A_k (A_k' A_k)^{-1} A_k' = E_p .$$

4. Die bisherigen Ergebnisse bezogen sich auf die Parameterwerte für $R$ und $A$. Werden aus den Populationen $P_i$ Stichproben vom Umfang $n_i$ entnommen, so erhält man nur Schätzwerte $\hat{R}_i$ und $\hat{A}_i$ mit den zugehörigen Faktorvektoren $\hat{f}_i$. Da $\hat{R}_i$ und $\hat{A}_i$ und damit auch $\hat{f}_i$ mit Schätzfehlern behaftet sind, können für die $T_{ij}$ auch nur Schätzwerte $\hat{T}_{ij}$ angegeben werden. Neben den Schätzfehlern sind Ungleichheiten in den Varianzen von $x$ in den einzelnen Populationen für Abweichungen von $\hat{T}_{ij}$ von $T_{ij}$ verantwortlich. Inwieweit sich der Gesamtfehler auf die Genauigkeit der Transformation auswirkt, kann man abschätzen, indem man die Abweichungen von $T\,T'$ von einer Einheitsmatrix betrachtet.

Für den praktischen Vergleich der Ergebnisse der Faktoranalyse in mehreren Populationen könnte folgender Weg beschritten werden (wir beschränken uns auf die Betrachtung zweier Populationen). Man schätzt die Faktorladungen $A_1$ und $A_2$ am besten nach der Maximum-Likelihood-Methode und erhält die Schätzwerte $\hat{A}_1$ und $\hat{A}_2$ und dazu die Schätzwerte für die Faktoren $\hat{f}_1$ und $\hat{f}_2$.

Falls

$$A_1 f_1 = A_2 f_2$$

gilt, ist $T_{12} T_{12}'$ eine Einheitsmatrix der Ordnung $p$, da wegen

$$A_1 A_1' = A_2 T_{12} T_{12}' A_2'$$

$T_{12}$ orthogonal ist. Es ist daher zu prüfen, ob der Schätzwert $\hat{T}_{12} \hat{T}_{12}'$ signifikant von der Einheitsmatrix $E$ abweicht. Ist das der Fall, so muß die Hypothese der Gleichheit der Faktorstiukturen in beiden Peideulationen verworfen werden.

## Literatur

[1] Ahmavaara, Y., Transformation analysis of factorial data. Annales Academiae scientiarum fennicae. Sarja, Ser. B Nide, 88 (1954) 2.

[2] Cattell, R. B., „Parallel proportional profiles“ and other principles for determining the choice of factors by rotation. Psychometrika 9 (1944) 267–283.

[3] Rasch, D., Die Faktoranalyse und ihre Anwendung in der Tierzucht. Biometrische Zeitschrift 4 (1962) 15–19.

[4] Thurstone, L. L., Multiple Factor Analysis. Univ. of Chicago Press, Chicago 1947.

# Hervorragende Elemente von Beobachtungsreihen

von A. Rényi

Universität Budapest, Mathematisches Institut

Wir betrachten eine Folge von unabhängigen Beobachtungen einer zufälligen Größe, d. h. eine Folge $X_n$ $(n = 1, 2, 3, \ldots)$ von unabhängigen Zufallsveränderlichen mit derselben Verteilung; bezüglich der Verteilung der $X_n$ setzen wir nur voraus, daß sie stetig ist. Die $k$-te Beobachtung $X_k$ wird „hervorragend" genannt, wenn $X_k > \max\limits_{1 \leqq j < k} X_j$ gilt. Das Ereignis, daß die $k$-te Beobachtung hervorragend ist, bezeichnen wir mit $A_k$. Nun läßt sich leicht die überraschende Tatsache zeigen, daß die Ereignisse $A_k$ unabhängig sind $(k = 1, 2, \ldots)$. Hieraus ergeben sich eine Reihe von Resultaten. Sei z. B. $X_{v_n}$ die $n$-te hervorragende Beobachtung. Dann gilt mit Wahrscheinlichkeit $\lim\limits_{n \to +\infty} \sqrt[n]{v_n} = e$. Ferner ist $\log v_n$ im Limes normal verteilt.

# Über die Eigenschaften gewisser Funktionen von Ranggrößen

von H.-J. Rossberg

Deutsche Akademie der Wissenschaften zu Berlin,
Institut für Angewandte Mathematik und Mechanik

$x_1, \ldots, x_n$ seien $n$ unabhängige Zufallsgrößen mit der Verteilungsfunktion $F(x)$. Wenn bei einem Versuch das Resultat $x_1 = X_1, \ldots, x_n = X_n$ eingetreten ist und sodann die $X_i$ der Größe nach angeordnet worden sind, dann ist die Ranggröße $\xi_k$ gleich dem $k$-ten Wert von ihnen. Somit gilt stets

$$\xi_1 \leqq \xi_2 \leqq \cdots \leqq \xi_n . \tag{1}$$

Die Gesamtheit der $\xi$ nennt man eine Variationsreihe vom Umfang $n$ mit der Grundverteilungsfunktion $F(x)$.

In der Theorie der Variationsreihen sind Ranggrößen $\xi_1 \leqq \xi_2 \leqq \cdots \leqq \xi_n$ mit der Grundverteilungsfunktion $E(x) = 1 - e^{-x}$ von besonderem Interesse, denn sie haben besonders einfache Eigenschaften; z. B. ist $\zeta_h$ unabhängig von $\delta_{lk} = \zeta_l - \zeta_k$ $(1 \leqq h \leqq k < l \leqq n)$, und alle $\delta_k = \zeta_{k+1} - \zeta_k$ $(k = 0, 1, \ldots, n-1; \zeta_0 = 0)$ sind insgesamt unabhängig.

Es läßt sich also jedes $\zeta_k$ als Summe unabhängiger Zufallsgrößen darstellen:

$$\zeta_k = \delta_0 + \delta_1 + \cdots + \delta_{k-1} .$$

Ferner kann man beliebige $\xi_i$ durch eine einfache Transformation auf eine Variationsreihe mit der Grundverteilungsfunktion $E(x)$ zurückführen, falls $F(x)$ stetig ist:

$$\zeta_i = -\log(1 - F(\xi_i)) \quad (i = 1, \ldots, n) . \tag{2}$$

Die große beweistechnische Bedeutung dieser einfachen Tatsachen hat zuerst A. Rényi erkannt. Infolge der Ungleichungen (1) sind die $\xi_i$ stets voneinander abhängig, jedoch gibt es Funktionen der $\xi_i$, die entweder stets oder wenigstens für gewisse $F$ voneinander unabhängig sind. Ein einfaches Beispiel dafür sind die $\zeta$ und $\delta$; mit (2) folgt hieraus:

$$\xi_h \text{ und } \frac{1 - F(\xi_l)}{1 - F(\xi_k)}$$

sind unabhängig. Da aber (1) eine Markoffsche Kette bildet, sind auch

$$\varphi(\xi_1, \ldots, \xi_k) \text{ und } \frac{1 - F(\xi_l)}{1 - F(\xi_k)} \quad (1 \leqq k < l \leqq n)$$

unabhängig, und zwar bei beliebigem $\varphi$ und bei beliebigem stetigem $F$. Wir werden sehen, daß dagegen die Unabhängigkeit zwischen

$$\frac{1 - F(\xi_l)}{1 - F(\xi_k)} \text{ und } \varphi(\xi_l, \xi_{l+1}, \ldots, \xi_n) \quad (1 \leqq k < l < n)$$

bei festem $\varphi$ eine Einschränkung für $F$ bedeutet.

Wir beginnen mit einem Satz von G. S. Rogers (AMS 1959), den dieser auf anderem Wege bewiesen hat, ohne dabei unstetiges $F$ zuzulassen.

Satz 1. Wenn $\xi_h$ unabhängig von $\varphi(\xi_k, \ldots, \xi_n)$ $(1 \leqq h < k < n)$, so ist $\xi_k$ unabhängig von $\varphi$, wo $\varphi$ eine beliebige $B$-meßbare Funktion ihrer Argumente ist.

Beweis. $g$ sei eine beliebige $B$-meßbare Funktion, $\varepsilon_x$ die ausgeartete Verteilungsfunktion mit Sprung an der Stelle $x$. Auch $g(\xi_h)$ und $\varepsilon_x(\varphi)$ sind n. V. unabhängig; es gilt daher für die mathematischen Erwartungen, falls sie existieren,

$$M\,[g(\xi_h)\,\varepsilon_x(\varphi)] = M\,g(\xi_h)\,M\,\varepsilon_x(\varphi)\,.$$

Nach einigen Umformungen folgt hieraus

$$0 = \int_{-\infty}^{\infty} M\,\{g(\xi_h)/\xi_{h+1} = u\}\,[P\,\{\varphi \geqq x\} - P\,\{\varphi \geqq x/\xi_{h+1} = u\}]\,dP\,\{\xi_{h+1} < u\}\,.$$

Wegen der Einfachheit des analytischen Ausdrucks für $M\,\{g(\xi_h)/\xi_{h+1} = u\} = M(u)$ läßt sich leicht ein $g(u)$ angeben, so daß ($y$ Stetigkeitspunkt von $F$)

$$M(u) = \begin{cases} 1 & u \leqq y \\ \text{stetig und monoton in} & y \leqq u \leqq y + d \\ 0 & u \geqq y + d \end{cases}$$

für beliebig kleines $d$. Jetzt folgt für $d \to 0$, daß $\xi_{h+1}$ und $\varphi$ unabhängig sind. So kommt man in endlich vielen Schritten zum Ziel.

Die Beweismethode legt den Gedanken nahe, daß die Behauptung von Satz 1 auch unter anderen Voraussetzungen zu gewinnen ist. In der Tat läßt sich ebenso beweisen:

Satz 2. $F$ stetig; die Behauptung von Satz 1 gilt auch, wenn $\dfrac{1 - F(\xi_h)}{1 - F(\xi_j)}$ und $\varphi(\xi_k, \ldots, \xi_n)$ $(1 \leqq h < j \leqq k < n)$ unabhängig sind.

Auf analytische Schwierigkeiten stößt man jedoch schon, wenn man in Satz 1 $\xi_h$ durch $\xi_j - \xi_h$ $(j > h)$ ersetzt. Daher sind im folgenden Satz stärkere Voraussetzungen über $F$ nötig, die mit der Sache selbst vermutlich nichts zu tun haben.

Satz 3. Es sei $F(0) = 0$ und $\int_0^u g\,(u - v)\,dF^h(v) = p(u)$ lösbar für alle genügend oft differenzierbaren Funktionen $p(u)$ (im wesentlichen ist dazu $h$-malige Differenzierbarkeit von $F(x)$ und $F'(0) > 0$ hinreichend).

Die Behauptung von Satz 1 gilt auch, wenn $\xi_{h+1} - \xi_h$ unabhängig von $\varphi(\xi_k, \ldots, \xi_n)$ $(h < k)$.

Es liegt daher nahe, die Beweismethode von Rényi heranzuziehen. Hierzu ist die Stetigkeit von $F$ erforderlich, die wir in Satz 1 nicht vorausgesetzt haben. Macht man jedoch diese Voraussetzung, so lassen sich die Sätze 1 und 2 auf sehr einheitliche Art beweisen. Satz 3 bereitet jedoch auch hier Schwierigkeiten. Um z. B. Satz 1 zu beweisen, benutzt man, daß nach (2) eine Darstellung

$$\xi_i = G\,(\bar{\zeta}_i) \qquad (i = 1, \ldots, n)$$

gilt. Die Voraussetzung wird in der Form

$$\text{„}M\,\{e^{it\varphi\,(G(\bar{\xi}_k), \ldots, G(\bar{\zeta}_n))}/\bar{\zeta}_h = y\} = K(t) \text{ unabhängig von } y\text{“}$$

geschrieben. Nach einigen Umformungen, bei denen die eingangs angeführten Eigenschaften der $\bar{\zeta}_i$ verwendet werden, folgt durch mehrmaliges Differenzieren nach $y$, daß

$$M\,\{e^{it\varphi\,(G(\bar{\zeta}_k), \ldots, G(\bar{\zeta}_n))}/\bar{\zeta}_k = y\} = K(t)$$

fast überall, und zwar zunächst im Lebesgueschen Sinne, da aber $\bar{\zeta}_k$ eine Dichte hat, auch im Sinne des Maßes von $\bar{\zeta}_k$; q. e. d.

Durch die bisherigen Resultate werden wir auf die Frage geführt, für welche $F$ und $\varphi$ denn $\xi_k$ und $\varphi(\xi_k, \ldots, \xi_n)$ wirklich voneinander unabhängig sind. Das in dieser Hinsicht interessanteste Resultat bezieht sich auf Ranggrößen $\zeta_k$ mit der Grundverteilungsfunktion $E(x)$, über die wir wegen

$$\zeta_k = \delta_0 + \cdots + \delta_{k-1}$$

zunächst folgendes feststellen können.

Satz 4. Jede Funktion $\psi(\zeta_1, \ldots, \zeta_k)$ ist unabhängig von $\sum_k^n c_i\,\zeta_i$, wenn $\sum_k^n c_i = 0$.

Beweis. $\psi$ ist eine Funktion von $\delta_0, \ldots, \delta_{k-1}$ und wegen $\sum_k^n c_i = 0$ ist $\sum_k^n c_i \zeta_i = \sum_k^{n-1} \hat{c}_i \delta_i$. Die $\delta$ sind aber insgesamt unabhängig.

Dieser Satz ist vermutlich nicht in vollem Umfang charakteristisch für $E(x)$, da hier z. B. auch Funktionen $\psi$ zugelassen sind, die nur endlich viele Werte annehmen. Mit Hilfe des folgenden Satzes bieten die Sätze 1—3 jedoch teilweise Umkehrungen von Satz 4, denn mit ihrer Hilfe kann für gewisse $\psi$ auf die Unabhängigkeit von $\xi_k$ und $\sum_k^n c_i \xi_i$ geschlossen werden.

Es gilt

Satz 5. $F(x)$ sei stetig, die konstanten Koeffizienten der Linearkombination $L = \sum_k^l c_i \xi_i$ $(l > k)$ mögen der Bedingung $\sum_k^l c_i = 0$ genügen; wenn $\xi_k$ und $L$ unabhängig voneinander sind, so folgt $F(a x + b) \equiv E(x)$ mit beliebigen Zahlen $a > 0$ und $b$.

Der Ausgangspunkt des Beweises ist derselbe wie im „Rényi-Beweis" für Satz 1 und 2:

$$\text{„}M \{e^{itL}/\bar{\zeta}_k = y\} = K(t) \text{ unabhängig von } y\text{"}. \tag{3}$$

Im einzelnen vollzieht sich der Beweis jedoch etwas anders. In (3) werden wieder die $\xi_i$ ersetzt durch

$$\xi_i = G(\bar{\xi}_i) = \bar{F}(1 - e^{-\bar{\zeta}_i}).$$

Hier ist $\bar{F}$ die Umkehrfunktion zu $F$. Aus (3) sind, wenn man wieder die obengenannten Eigenschaften der $\bar{\zeta}_i$ benutzt, nacheinander die Stetigkeit und die Differenzierbarkeit von $G(x)$ für alle $x > 0$ zu erkennen. Differenziert man, so folgt die Differenzierbarkeit von $G'(x)$ usw. Durch fortgesetztes Differenzieren erhält man ein System von Gleichungen, dessen letzte nach $l - k$ Schritten erreicht wird und

$$P_{l-k}(t)\, K(t) = 1 \tag{4}$$

lautet, wo $P_{l-k}$ ein Polynom vom Grade $1 \leqq r \leqq l - k$ ist. Seine Koeffizienten lassen sich gemäß seiner Herleitung durch die Ableitungen von $G'(y)$ ausdrücken und müssen nach (4) konstant sein. Im einfachsten Fall, in dem $s_m = \sum_k^m c_i \neq 0$ $(m = k, k + 1, \ldots, l - 1)$, folgt hieraus sofort $G'(y) = \text{const}$, d. h., $G(x) = F(1 - e^{-x}) = a x + b$, $F(a x + b) = 1 - e^{-x}$. Sind aber ein oder mehrere $s_m = 0$, so benutzt man die aus (3) durch Differenzieren gewonnenen Gleichungen sowie einfache funktionentheoretische Schlüsse, die durch die Tatsache nahegelegt werden, daß $K(t)$ wegen (4) eine analytische charakteristische Funktion ist. Dann gewinnt man ebenfalls die Beziehung $G'(y) = \text{const}$.

Ein Teil der hier vorgelegten Resultate ist mit ausführlichen Beweisen bei den Mathematischen Nachrichten zum Druck eingereicht worden.

# Die Bezeichnung statistischer Begriffe in kritischer Beleuchtung

von M. Ruthenberg

Humboldt-Universität zu Berlin, Institut für Vererbungs- und Züchtungsforschung

Klare und eindeutige Bezeichnungen statistischer Begriffe sind eine Voraussetzung für das Verständnis der mathematischen Statistik seitens ihrer mathematisch nicht vorgebildeten „Benutzer". Leider bezeichnen zahlreiche statistische Termini mehrere verschiedene Begriffe, andererseits tragen — besonders im Deutschen — viele Begriffe mehrere Bezeichnungen (z. B.: Mediane, Mode, Bias). Beide Mängel sind z. T. aus der geschichtlichen Entwicklung der Statistik und ihrem Zusammenwachsen aus verschiedenen Wissenschaften (Wahrscheinlichkeitsrechnung, Fehlertheorie, Demographie, Biometrie) zu erklären. Bei einigen Bezeichnungen, wie „Statistik" selbst, hat sich der Begriffsinhalt gewandelt (z. B. Gesamtheit, Verteilung, Population). Einige Fachausdrücke sind unglücklich gewählt und daher mißverständlich oder mehrdeutig (z. B. Normalverteilung, Stichprobenverteilung, Verteilung der Stichprobe, Eliminierung einer bestimmten Variation). Andere Termini waren zwar eindeutig definiert, werden aber — besonders in der biologischen Statistik — falsch angewandt (z. B. Konfidenz- (Vertrauens-)grenzen für Quantile, (Variations-)Kurve für -Polygon (Binomial-„Kurve"!), Ogive für Summen-Kurve oder -Polygon.

Da Wörter der Umgangssprache oft mit verschwommenen Vorstellungen belastet sind, empfiehlt es sich, soweit möglich, auch im Deutschen eindeutige und international verständliche Bezeichnungen zu verwenden (z. B. Standardabweichung, Varianz, Median(e) oder Medianwert, Mode oder Modalwert, Konsistenz, Effizienz, Suffizienz, Test; ferner: Signifikanz statt Sicherheit, signifikant statt gesichert (oder gar „statistisch bewiesen"), stochastische Variable statt Zufallsveränderliche oder zufällige Größe, Konfidenz statt Vertrauens- oder Mutungs-, evtl.: auch Devianz statt Abweichungsquadratsumme, Probabilität statt Wahrscheinlichkeit, randomisieren statt zufällig verteilen).

Mehrdeutige Ausdrücke sollten jedoch nicht übernommen werden (z. B. Population, Variante, Statistic (= Maßzahl)).

Nur nicht-übernehmbare Fremdwörter müßten sinnvoll verdeutscht werden (z. B. Sample, to sample, Range, at random, Randomness, Bias, Likelihood).

Ein arger Mißbrauch des Wortes „Wahrscheinlichkeit" findet sich leider auch heute noch, vor allem in statistischen „Rezeptbüchern", nämlich die von Gini so genannte (weil schon auf J. Bernoulli zurückgehende) „Erbsünde" der Statistik, d. h. die falsche Bezeichnung der bei einem Test auf Grund der Nullhypothese gefundenen Überschreitungswahrscheinlichkeit als „Hypothesenwahrscheinlichkeit" (Wahrscheinlichkeit der Nullhypothese, Wahrscheinlichkeit für die Richtigkeit der Hypothese) oder „Zufallswahrscheinlichkeit" (Wahrscheinlichkeit für die reine Zufälligkeit der gefundenen Differenz) bzw. ihrer Gegenwahrscheinlichkeit als „Wahrscheinlichkeit für eine echte Differenz".

# Prüfung des Verteilungstypes

von K. Sarkadi

Ungarische Akademie der Wissenschaften Budapest, Mathematisches Institut

Dieser Vortrag gibt eine Ergänzung zu meinen früheren Ergebnissen, die in der im Auszug erwähnten Arbeit [2] enthalten sind. Diese Arbeit beschäftigte sich mit den folgenden Problemen:

1. Der Fall des $\chi^2$-Anpassungstests, wo der Freiheitsgrad durch die Zahl der geschätzten Parameter vermindert wird, ist wohlbekannt. Doch sind die übrigen Anpassungstests für den Fall, wo Parameter geschätzt werden, nicht ausgearbeitet worden. Meine Arbeit hat für die Grundhypothese der Normalverteilung eine Transformation gegeben, welche die Anwendung eines beliebigen Anpassungstests ermöglicht. Im Falle einer Stichprobengröße $n$ ergeben sich $n - 1$ oder $n - 2$ transformierte Werte, deren Verteilung von den unbekannten Parametern nicht abhängt und die im Anpassungstest die ursprünglichen Beobachtungswerte ersetzen.

2. Dieselbe Transformation ist für die Prüfung der Normalität in dem Falle geeignet, wo wir viele kleine Stichproben mit möglicherweise verschiedenen Parametern haben. Für diesen Zweck ist schon durch Dunin-Barkowsky und Smirnow [1] eine Transformation gegeben worden. Diese gibt aber nur je eine Transformierte für jede Stichprobe.

3. Ähnliche Transformation wurde für den Fall der Varianzanalyse mit je einer Beobachtung per Zelle gegeben.

Dieser Vortrag befaßt sich mit der Verallgemeinerung des Problems für nichtnormale Grundhypothese.

Setzen wir jetzt voraus, daß wir nur einen unbekannten Parameter $\Theta$ haben, d. h. die unabhängigen Zufallsveränderlichen $\xi_1, \xi_2, \ldots, \xi_n$ nach der Grundhypothese die gemeinsame Verteilungsfunktion $F(x, \Theta)$ haben; diese Funktion ist bekannt, nur der Parameter $\Theta$ ist unbekannt. Die Verteilung ist als stetig vorausgesetzt. Der Fall zweier oder mehrerer Parameter kann leicht auf den Fall eines Parameters zurückgeführt werden.

Wie im Fall der normalen Grundverteilung suchen wir auch hier transformierte Werte, die die ursprünglichen Werte im Anpassungstest ersetzen können. Diese sollen womöglich die folgenden Eigenschaften besitzen:

1. Sie sollen eine bestimmte Verteilung folgen, wenn die Grundhypothese richtig ist.
2. Ihre Verteilung soll gegenüber den Abweichungen von der Grundhypothese empfindlich sein.
3. Sie sollen für den Fall der Grundhypothese voneinander unabhängig sein.
4. Sie sollen sich leicht berechnen lassen.

Zur Forderung 2 machen wir die folgende Bemerkung: Die transformierten Werte sollen die ursprünglichen Werte bezüglich der Abweichung von den tatsächlichen und grundhypothetischen Verteilungen womöglich gut repräsentieren. Wir beurteilen die Abweichungen zwischen den Verteilungen auf Grund der Abweichungen der Verteilungsfunktionen: Dieses Prinzip entspricht der Mehrheit der Anpassungstests. Daher soll die Abweichung zwischen der empirischen und der grundhypothetischen Verteilung der transformierten Werte annähernd dieselbe sein wie zwischen der empirischen Verteilung der ursprünglichen Werte und der zu dieser „nächsten“ grundhypothetischen Verteilung.

Es sei $\hat{\Theta}$ eine Schätzung, $\Theta_0$ ein beliebiger vorausgehend festgesetzter Wert von $\Theta$. Die Funktion $g(x, t)$ wird durch die Gleichung $F(x, t) = F(g(x, t), \Theta_0)$ definiert. Die Folge

$$g(\xi_1, \hat{\Theta}), g(\xi_2, \hat{\Theta}), \ldots, g(\xi_n, \Theta) \tag{1}$$

genügt bei geeigneter Wahl der Schätzung $\hat{\Theta}$ der zuletzt erwähnten Bedingung. So wurde die Erfüllung der Forderung 2 auf dieses Schätzungsproblem zurückgeführt, gleichzeitig ist die annähernde Erfüllung der Forderung 1 auch gesichert. Für exakte Erfüllung der letzteren müssen die transformierten Werte parameterfreie Statistiken sein. Sind die Elemente von (1) nicht parameterfrei, so stellt sich die Frage, wie sie mit möglichst kleiner Modifizierung parameterfrei gemacht werden können. Hierfür ist die erste Bedingung, daß es für die Verteilungsfamilie $F(x, \Theta)$ überhaupt parameterfreie Statistiken gebe. Es ist in der Literatur an mehreren Stellen die Frage gestellt, wann solche Statistiken existieren, ohne Angabe einer allgemeinen Lösung. Es ist wohlbekannt, daß im Fall des Parameters der Lage (und in den Fällen, die auf diesen Fall zurückführbar sind) solche Statistiken existieren und leicht dargestellt werden können.

In diesem Falle, d. h. wenn $F(x, t) = F(x - t)$, wählen wir $\hat{\Theta}$ so, daß in seiner Verteilung $\Theta$ ebenfalls die Rolle des Parameters der Lage spiele; dann hat die Folge (1) die Gestalt

$$\xi_1 - \hat{\Theta}, \xi_2 - \hat{\Theta}, \ldots, \xi_n - \Theta \tag{2}$$

(wir dürfen $\Theta_0 = 0$ setzen), und diese Statistiken sind parameterfrei.

Wir erwähnen, daß der Parameter des Maßstabs auch zu den auf diesen Fall zurückführbaren Fällen gehört.

Sind Forderungen 1—2 erfüllt, so besteht eine weitere Frage aus der Modifizierung der Folge derart, daß sie auch Forderung 3 genüge. Wegen des funktionellen Zusammenhanges ist die Weglassung von mindestens einer Veränderlichen nötig. Wir suchen also solche unabhängige Veränderliche

$$\zeta_1, \zeta_2, \ldots, \zeta_{n-1}, \tag{3}$$

die in irgendwelcher Anordnung zu $n - 1$ Elementen der Folge (2) [oder (1)] nahe liegen. Diese Anordnung und die Wahl des ohne Transformierte bleibenden Elementes können von den aktuellen Werten der ursprünglichen Folge abhängen.

Die Ausarbeitung einer annähernden Rechenmethode, mit deren Hilfe die Folge (3) aus Folge (1) derart dargestellt werden kann, scheint nicht allzu schwer zu sein. Doch sind die rechnerischen Schwierigkeiten in der Durchführung im allgemeinen groß, und es gibt nur wenige Verteilungen, bei denen Forderung 4 mit den anderen Forderungen sich in Einklang bringen läßt. Außer den in [2] gegebenen Beispielen werden wir auch weitere sehen.

Ist der Parameter der Endpunkt der Verteilung, so kann er mit dem extremalen Wert der Stichprobe abgeschätzt werden. In diesem Fall wird dieses Element ohne entsprechende Transformierte bleiben. Der extremale Wert ist im Fall exponentieller Verteilung und Gleichverteilung suffizienter Schätzwert des Endpunktes der Verteilung. In diesen Fällen ergeben sich besonders einfache Ergebnisse.

Sind $\xi_1, \xi_2, \ldots, \xi_n$ nach Exponentialverteilung mit Dichtefunktion $e^{-(x-\Theta)}$ verteilt, und ist $\xi_k = \min(\xi_1, \xi_2, \ldots, \xi_n)$, dann sind

$$\xi_1 - \xi_k, \ldots, \xi_{k-1} - \xi_k, \xi_{k+1} - \xi_k, \ldots, \xi_n - \xi_k$$

unabhängig exponentiell mit Dichtefunktion $e^{-x}$ verteilt.

Sind $\xi_1, \xi_2, \ldots, \xi_n$ im Intervall $(0, \Theta)$ gleichverteilt, und ist $\xi_k = \max(\xi_1, \xi_2, \ldots, \xi_n)$, dann sind die Veränderlichen

$$\xi_1/\xi_k, \ldots, \xi_{k-1}/\xi_k, \quad \xi_{k+1}/\xi_k, \ldots, \xi_n/\xi_k$$

unabhängig im Intervall (0, 1) gleichverteilt.

Es gibt Fälle, wo wir auch nicht-unabhängige Statistiken benützen können, d. h. Folge 1 [oder (2)] für unsere Zwecke genügt.

Ein solcher Fall ist der von DUNIN-BARKOWSKY und SMIRNOW, d. h. der Fall, in dem wir so viele kleine Stichproben haben, daß uns je eine Transformierte aus jeder Stichprobe genügt. Ein anderer Fall ist, wenn man nur einen graphischen subjektiven Test durchführen will; wir wissen, daß dieser Fall in der Praxis oft vorkommt. Es entsteht auch die Möglichkeit, die exakten Anpassungstests auf diesen nicht-unabhängigen Veränderlichen begründeten auszuarbeiten.

Ein anderer Weg bietet sich zu weiteren Untersuchungen, indem man die in den erwähnten Beispielen gewonnenen Lösungen von dem Gesichtspunkt aus betrachtet, ob sie in anderen Fällen als annähernde Lösungen benützbar sind.

Der Fall zweier (mehrerer) Parameter kann ähnlicherweise betrachtet werden (z. B. Fall des Parameters der Lage und des Maßstabs).

## Literatur

[1] ДУНИН-БАРКОВСКИЙ, И. В., СМИРНОВ, Н. В.; Теория вероятностей и математическая статистика в технике. Гостехиздат, Москва 1955, 354-360.

[2] SARKADI, K., On testing for normality. Publ. Math. Inst. Hung. Acad. Sci. (1960) 5, 269—275.

# Probleme der Statistischen Qualitätskontrolle in der Deutschen Demokratischen Republik

von E. Schindowski

Deutsche Akademie der Wissenschaften zu Berlin,
Institut für Angewandte Mathematik und Mechanik

Es wird ein Überblick über die Entwicklung der Statistischen Qualitätskontrolle in der Deutschen Demokratischen Republik, die bisher geleistete Arbeit und die künftigen Aufgaben gegeben. Abschließend wird ein *Hochschulfilm* (Statistische Qualitätskontrolle I — Kontrollkarten) des Deutschen Zentralinstituts für Lehrmittel vorgeführt. An einem Beispiel aus der Wälzlagerfertigung wird die praktische Anwendung der $p$-Karte und der Kreuzkarte ausführlich gezeigt. Im zweiten Teil des Films werden Theorie und Praxis der Median-Spannweiten-Karte behandelt. Der Film soll der Popularisierung dieser für die industrielle Fertigung wichtigen statistischen Methoden dienen; er ist für Hoch- und Fachschulen gedacht, eignet sich aber auch für Veranstaltungen im Betrieb.

Ein ausführlicher Bericht findet sich in „Beiheft zum Hochschulfilm", Statistische Qualitätskontrolle 1: Kontrollkarten (Agfacolor). Deutsches Zentralinstitut für Lehrmittel (1963). Der Hochschulfilm „Statistische Qualitätskontrolle 1 — Kontrollkarten" (T—HF 376) ist als 16 mm-Kopie kostenlos ausleihbar in den Film- und Bildstellen aller Universitäten und Hochschulen der DDR.

# Stichprobenpläne für meßbare Prüfung ohne Rechenarbeit

von O. Schürz

Die Vorteile der Stichprobenpläne für meßbare Prüfung gegenüber den Attribut-Stichprobenplänen (gut/schlecht) sind folgende: a) wesentlich mehr und ins einzelne gehende Informationen über die qualitative Beschaffenheit der Lieferungen, b) bedeutend weniger Prüfarbeit. Ihr Nachteil dagegen besteht in der unvermeidbaren Rechen- und Schreibarbeit, wofür nur geschultes Personal in Frage kommt, während für die Benutzung der Attributpläne jeder Ungelernte herangezogen werden kann. Um die Rechenarbeit zu eliminieren, hat man verschiedene Verfahren entwickelt: 1. Variablen-Stichprobenpläne unter Benutzung des Medians ($\tilde{x}$) und der Quasi-Range ($QR_i$) und 2. Variablen-Stichprobenpläne unter Benutzung des Wahrscheinlichkeitspapiers. Die Genauigkeit dieser Verfahren ist bis zu 25% geringer als die des Standard 414; sie sind deshalb kein vollkommener Ersatz dafür. Sie genügen aber für praktische Zwecke, bei denen es vor allem auf Schnelligkeit ankommt.

Siehe hierzu: E. Schindowski und O. Schürz, Ein Stichprobenplan für messende Prüfung ohne Rechenarbeit. Monatsberichte d. Dt. Akad. d. Wiss. 4 (1962) H. 9.

# Zur Theorie der Stichproben aus endlichen Gesamtheiten[1])

von L. SCHMETTERER

Mathematisches Institut der Universität Wien
und Statistical Laboratory, The Catholic University, Washington, D.C.

Vor einiger Zeit wurde von GODAMBE [1] für eine weite Klasse von Stichprobenplänen die Nichtexistenz linearer erwartungstreuer gleichmäßig minimaler Schätzungen für das Mittel endlicher Grundgesamtheiten bewiesen. Er machte dabei von den Hilfsmitteln der Differentialrechnung Gebrauch, welche dem Problem nicht ganz angepaßt sind und vermieden werden können. Wir modifizieren hier ein Modell von ROY und CHAKRAVARTI [2] und wollen für dieses die Frage der Existenz linearer erwartungstreuer gleichmäßig minimaler Schätzungen für das Mittel endlicher Grundgesamtheiten auf elementarem Wege vollständig klären. Es wird sich ergeben, daß solche Schätzungen nur in trivialen Ausnahmefällen existieren.

1. Es sei $Z = \{1, 2, \ldots, N\}$, $N \geqq 2$, und $\Gamma$ die Menge aller $N$-Tupel von Paaren der Form $\{(1, y_1), \ldots, (N, y_N)\}$ mit $y_j \in R_1$ für $j \in Z$. $\Gamma$ kann man als die Menge aller Gesamtheiten von $N$ Einheiten ansehen, und $y_i$ bezeichnet den Wert eines quantitativ beschriebenen Merkmals der $i$-ten Einheit, $1 \leqq i \leqq N$. Es sei $Q_1 = Z \times R_1$ und für $n \geqq 1$ $Q_{n+1} = Q_n \times Q_1$. Wir definieren einen Stichprobenraum $R = \bigcup\limits_{n=1}^{\infty} Q_n$. Wir betrachten die Menge $S$ aller Teilmengen von $R$, welche natürlich eine $\sigma$-Algebra ist. Es sei $Z_1 = Z$ und $Z_{n+1} = Z_n \times Z_1$ für $n \geqq 1$: Ein Stichprobenplan besteht in der Auswahl endlich oder höchstens abzählbar unendlich vieler Elemente $\in \bigcup\limits_{n=1}^{\infty} Z_n$, deren Anzahl wir mit $m$ bezeichnen. Es ist also $1 \leqq m \leqq \infty$. Wir treffen eine solche Auswahl und halten sie im folgenden fest. Das $i$-te Element dieser Auswahl bezeichnen wir (nicht ganz konsequent) mit $(k_1, k_2, \ldots, k_{j_i})$, $j_i \geqq 1$. Jedem $\gamma \in \Gamma$ ordnen wir nun ein Wahrscheinlichkeitsmaß $W_\gamma$ über (R, S) zu, welches den Zufallsmechanismus beschreibt, der dem gewählten Stichprobenplan zugrunde liegt: $W_\gamma$ sei eine diskrete Verteilung mit den Massenpunkten $x_\gamma^{(i)} \in R$, $1 \leqq i \leqq m$, so daß

$$W_\gamma(\{x_\gamma^{(i)}\}) = p_i \tag{1.1}$$

unabhängig von $\gamma$ mit $p_i > 0$ und $\sum\limits_{i=1}^{m} p_i = 1$ ist. Dabei sind die $x_\gamma^{(i)}$ so definiert: Wenn $\gamma = \{(1, y_1^{(\gamma)}), \ldots, (N, y_N^{(\gamma)})\}$, dann ist $x_\gamma^{(i)} = \{(k_1, y_{k_1}^{(\gamma)}), (k_2, y_{k_2}^{(\gamma)}), \ldots, (k_{j_i}, y_{kj_i}^{(\gamma)})\}$. Vom Standpunkt der Stichprobentheorie aus ist der Fall trivial, daß die Mengen $(1, \ldots, N)$ und $\{k_1, \ldots, k_{j_i})$ gleich sind. Man beachte, daß in dieser allgemeinen Formulierung der Fall des „Ziehens mit Zurücklegen" miteinbegriffen ist, so daß z.B. die Menge $\{k_1, \ldots, k_{j_i}\}$ nur ein Element zu enthalten braucht. Wenn $(j, y_j^{(\gamma)})$ eine Komponente von $x_\gamma^{(i)}$ ist, dann schreiben wir $y_j^{(\gamma)} \varkappa x_\gamma^{(i)}$, andernfalls $y_j^{(\gamma)} x_\gamma^{(i)}$. Wir stellen uns nun die Aufgabe, die für jedes $\gamma$ durch $g(\gamma) = (y_1^{(\gamma)} + \cdots + y_N^{(\gamma)})/N$ definierte Funktion $g$, also das Mittel der Grundgesamtheit, erwartungstreu zu schätzen.

Wir erklären hierzu Funktionen $Y_1, \ldots, Y_N$ von $R$ in den $R_1$ auf folgende Weise: Für alle $x_\gamma^{(i)}$, $i = 1, \ldots, m$, $\gamma \in \Gamma$, sei

$$Y_j(x_\gamma^{(i)}) = \begin{cases} y_j^{(\gamma)} & y_j^{(\gamma)} \varkappa x_\gamma^{(i)}, \\ 0 & y_j^{(\gamma)} x_\gamma^{(i)}. \end{cases}$$

[1]) Diese Arbeit wurde mit Unterstützung der National Science Foundation Grant GP—96 durchgeführt.

$Y_j(x)$ sei beliebig definiert für $x \neq x^{(i)}$, $j = 1, \ldots, m$. Weiter definieren wir Funktionen $c_1, \ldots, c_N$ von $R$ in den $R_1$, welche für $j = 1, \ldots, N$ den Bedingungen genügen sollen:

$$c_j(x_\gamma^{(i)}) = 0 \quad \text{für} \quad y_j^{(\gamma)} \notin x_\gamma^{(i)},\ 1 \leqq i \leqq m\,, \tag{1.2}$$

für jedes $i$ ist

$$c_j(x_{\gamma_1}^{(i)}) = c_j(x_{\gamma_2}^{(i)}) \quad \text{für alle} \quad \gamma_1, \gamma_2 \in \Gamma \tag{1.3}$$

und $c_j(x)$ ist beliebig definiert für $x \neq x_\gamma^{(i)}$.

Die $c_j$ hängen also in den Massenpunkten $x_\gamma^{(i)}$ nur von der getroffenen Auswahl des Stichprobenplanes und nicht von $\gamma$ ab.

Wir betrachten nun Schätzungen der Gestalt

$$h = \sum_{j=1}^{N} Y_j\, c_j \tag{1.4}$$

für $g$. Da $h$ linear von den $Y_j$ abhängt, bezeichnet man solche Schätzungen als linear. Wir setzen natürlich voraus, daß $E(h; \gamma)$ existiert. Es ist

$$E(h; \gamma) = \sum_{i=1}^{m} \sum_{j=1}^{N} Y_j(x_\gamma^{(i)})\, c_j(x_\gamma^{(i)})\, p_i = \sum_{j=1}^{N} y_j^{(\gamma)} \sum_{i=1}^{m} c_j(x_\gamma^{(i)})\, p_i\,.$$

Ist nämlich $Y_j(x_\gamma^{(i)}) \neq y_j^{(\gamma)}$, dann ist $c_j(x_\gamma^{(i)}) = 0$ nach Definition der $Y_j$ und nach (1.2). Somit ist

$$E(h; \gamma) = \sum_{j=1}^{N} y_j^{(\gamma)}\, E(c_j; \gamma)\,.$$

Wegen (1.1) und (1.3) hängt $E(c_j; \gamma)$ von $\gamma$ nicht ab. Wenn wir also die Bezugnahme auf $\gamma$ unterdrücken, dann können wir einfach schreiben

$$E(h) = \sum_{j=1}^{N} y_j\, E(c_j)\,. \tag{1.5}$$

Aus (1.4) folgt aber leicht: Eine lineare Schätzung für $g$ ist genau dann erwartungstreu, wenn

$$E(c_j) = 1/N\,, \quad j = 1, \ldots, N\,. \tag{1.6}$$

Wir bezeichnen nun mit $C$ die Menge aller Abbildungen $(c_1, \ldots, c_N)$ von $R$ in den $R_N$ mit folgenden Eigenschaften: Es gelten (1.2), (1.3) und (1.6) und für $j = 1, \ldots, N$ besitzt $c_j$ endliches zweites Moment. $C$ soll nicht leer sein. $H$ sei die Menge aller für $g$ erwartungstreuer linearer Schätzungen $h$, welche man mittels der Elemente aus $C$ gemäß (1.4) erhält.

2. Wir betrachten nun die Menge $D$ aller Abbildungen $(d_1, \ldots, d_N)$ von $R$ in den $R_N$, welche die zu (1.2) und (1.3) analogen Eigenschaften besitzen.[1] Überdies besitze $d_j$ für $j = 1, \ldots, N$ endliches zweites Moment. Mit $V$ bezeichnen wir die Menge aller linearer erwartungstreuer Schätzungen der Gestalt $\sum_{j=1}^{N} Y_j\, d_j$ mit $(d_1, \ldots, d_N) \in D$, für die über $\Gamma$ identisch verschwindende Funktion.

Man sieht leicht ein, daß $V$ genau durch jene Teilmenge von $D$ definiert wird, welche durch

$$E(d_j) = 0\,, \quad j = 1, \ldots, N \tag{2.1}$$

gekennzeichnet ist.

In der üblichen Weise zeigt man nun das

Lemma 1. $h^* \in H$ ist genau dann gleichmäßig minimale lineare Schätzung für $g$, d. h., für alle $\gamma \in \Gamma$ und $h \in H$ gilt $E(h^* - g(\gamma)^2; \gamma) \leqq E(h - g(\gamma)^2; \gamma)$, wenn $E(h^* v; \gamma) = 0$ für alle $v \in V$.

Wir unterdrücken nun zur Vereinfachung der Schreibweise die Bezugnahme auf $\gamma$ und definieren für $j = 1, \ldots, N$

$$M(j) = \{i : y_j \in x^{(i)}\}\,.$$

[1] Die Definition von $d_j$, $1 \leqq j \leqq N$ für $x \neq x_\gamma^{(i)}$ ist ohne Belang.

Die Definition von $M(j)$ hängt von $\gamma$ nicht ab: Wegen (1.6) ist $M(j)$ für kein $j$ leer. Für $j = 1, \ldots, N$ schreiben wir

$$\sum_{i \in M(j)} p_i = w_j .$$

Nun zeigen wir das

Lemma 2. Es sei $h^* = \sum_{j=1}^{N} Y_j c_j^*$ eine in $H$ gleichmäßig minimale Schätzung für $g$. Dann ist notwendig

$$c_j^*(x^{(i)}) = 1/Nw_j \quad \text{für} \quad i \in M(j) .$$

Beweis. Es muß für alle reellen $y_1, \ldots, y_N$ und alle $(c_1, \ldots, c_N) \in C$

$$\sum_{j,k=1}^{N} y_j y_k E(c_j^* c_k^*) \leqq \sum_{j,k=1}^{N} y_j y_k E(c_j c_k)$$

gelten. Wählt man $y_k = 0$ für $k \neq j$, $y_j = 1$, dann folgt insbesondere, daß $c_j^*$ für $j = 1, \ldots, N$ Minimalstreuung besitzen muß.

Wegen (1.6) erhält man unter Zuhilfenahme der SCHWARZschen Ungleichung

$$1/N^2 = \left|\sum_{i \in M(j)} c_j^* (x^{(i)}) p_i\right|^2 \leqq \sum_{i \in M(j)} c_j^{*2}(x^{(i)}) p_i \sum_{i \in M(j)} p_i = E(c_j^{*2}) .$$

Die untere Schranke wird genau dann angenommen, wenn für reelles $\lambda$ und $i \in M(j)$

$$c_j(x^{(i)}) \sqrt{p_i} = \lambda \sqrt{p_i}$$

ist und wegen $p_i \neq 0$ folgt, daß $c_j^*(x^{(i)})$ für $i \in M(j)$ konstant sein muß. Also ist für jedes $j$, $1 \leqq j \leqq N$ und alle $i \in M(j)$ notwendig

$$c_j^*(x^{(i)}) = 1/Nw_j . \tag{2.2}$$

Dieses Resultat läßt sich besonders bequem formulieren, wenn man „Indikatorfunktionen" für die $x^{(i)}$ einführt:

Es sei für $j = 1, \ldots, N$

$$\nu_j(x^{(i)}) = \begin{cases} 1 & i \in M(j) , \\ 0 & i \notin M(j) . \end{cases}$$

Man kann dann den Inhalt des Lemmas 2 auch so ausdrücken:

Es ist notwendig $h^* = \sum_{j=1}^{N} Y_j \nu_j / N w_j$ .

Wir definieren nun für alle $j \neq k$, $j, k = 1, \ldots, N$

$$M(j, k) = \{i : y_j \varkappa x^{(i)} ,\quad y_k \varkappa x^{(i)}\} .$$

Nun zeigen wir das folgende

Theorem. $h^* \in H$ ist dann und nur dann erwartungstreue gleichmäßig minimale Schätzfunktion in $H$ für $g$, wenn $M(j)$ für irgendwelche $l$ Indizes $j$, $0 \leqq l \leqq N$ nur ein Element enthält und

$$M(j) = M(j, k) ,\quad j \neq k ,\ k = l, \ldots, N \tag{2.3}$$

für die restlichen $N - l$ Indizes sind.

Beweis. Gemäß Lemma 2 ist notwendig $h^* = \sum_{j=1}^{N} Y_j \nu_j / N w_j$. Es ist klar, daß die beiden im Satz erwähnten Bedingungen einander nicht ausschließen, doch spielt das keine Rolle. Es mögen der Einfachheit halber die Mengen $M(1), \ldots, M(l)$ genau ein Element enthalten, während für die restlichen $N - l$ Indizes die Gleichungen (2.3) gelten mögen. Es folgt dann aus der Definition von $D$ und (2.1), daß für $j = 1, \ldots, l$

$$d_j(x^{(i)}) = 0 \quad \text{für} \quad i = 1, \ldots, m$$

sein muß.

Es sei nun $v \in V$. Es muß $v$ von der Gestalt $\sum_{j=l+1}^{N} Y_j d_j$ sein. Nach Lemma 1 genügt es zu zeigen, daß aus (2.3) $E(h^* v) = 0$ folgt. Es ist nämlich

$$E(h^* v) = \sum_{k=1}^{N} \sum_{j=l+1}^{N} E(Y_j Y_k d_j \nu_k / N w_k) = \sum_{k=1}^{N} \sum_{j=l+1}^{N} y_j \frac{y_k}{N w_k} \sum_{i \in M(j,k)} d_j(x^{(i)}) \nu_k(x^{(i)}) p_i$$
$$= \sum_{k=1}^{N} \sum_{j=l+1}^{N} y_j \frac{y_k}{N w_k} \sum_{i \in M(j)} d_j(x^{(i)}) p_i = 0 \, .$$

Die Grenzfälle $l = 0$ und $l = N$ sind nach trivialen Modifikationen in diesem Beweis mitberücksichtigt.

Es enthalte nun umgekehrt für mindestens ein $j_0$, $1 \leqq j_0 \leqq N$ $M(j_0)$ mindestens zwei Elemente und überdies sei für $j_0$ und mindestens ein $k_0 \neq j_0$ $M(j_0) \neq M(j_0, k_0)$. Dann existiert ein $v \in V$, so daß $E(h^* v) \neq 0$ ist. Hierzu wähle man $d_j = 0$ für $j \neq j_0$. Die Wahl von $d_{j_0}$ behalten wir uns noch vor, doch soll

$$E(d_{j_0}) = 0 \tag{2.4}$$

und

$$E(d_{j_0}^2) < \infty \tag{2.5}$$

sein. Wir definieren $v_0 = Y_{j_0} d_{j_0}$ und offenbar ist $v_0 \in V$.

Es ist $E(h^* v_0) = y_{j_0} \sum_{k=1}^{N} y_k E(\nu_k d_{j_0}) \cdot \frac{1}{N w_k}$. Wäre $E(h^* v_0; \gamma) = 0$ für alle $\gamma \in \Gamma$, dann müßte auch $E(\nu_{k_0} d_{j_0}) = 0$ sein. Es sei $i_1 \neq i_2$ und $i_1, i_2 \in M(j_0)$, jedoch $i_2 \notin M(j_0, k_0)$. Solche natürlichen Zahlen $i_1, i_2$ mit $1 \leqq i_1, i_2 \leqq m$ (oder $< m$, falls $m = \infty$) existieren voraussetzungsgemäß. Nun sei $d_{j_0}(x^{(i)}) = 0$ für $i \neq i_1, i_2$ $d_{j_0}(x^{(i_1)}) = \frac{1}{p_{i_1}}$, $d_{j_0}(x^{(i_2)}) = -\frac{1}{p_{i_2}}$. Offenbar sind (2.4) und (2.5) erfüllt. Jedoch ist $E(\nu_{k_0} d_{j_0}) = 1$.

Damit ist das Theorem vollständig bewiesen. Gleichmäßig minimale erwartungstreue Schätzungen für $g$ gibt es also nur in den trivialen Fällen. Falls $M(j)$ für $j = 1, \ldots, N$ nur ein Element enthält, gibt es nur eine einzige erwartungstreue Schätzung für $g$, welche trivialerweise gleichmäßig minimal ist. Falls aber für $j = 1, \ldots, N$ $M(j) = M(j, k)$ für alle $k \neq j$ gilt, dann enthält jede Stichprobe alle $y_j$, $1 \leqq j \leqq N$ und man kann $g$ trivial mit Streuung 0 schätzen. Unser Satz zeigt also, daß nur durch Kombination dieser trivialen Fälle gleichmäßig minimale Schätzungen für $g$ erhalten werden können. Übrigens zeigt man leicht, daß $h^* = \sum_{j=1}^{N} V_j \nu_j / N w_j$ zulässig ist [2].

### Literatur


[1] Godambe, V. P., Journ. Roy. Stat. Soc. Ser. B **17** (1955) 269–277.

[2] Roy, J. und Chakrawarti, I. M., Ann. math. Statistics **31** (1960) 392–398.

# Zur Schätzung der Varianzkomponenten

von H. Thiele

Deutsche Akademie der Wissenschaften zu Berlin,
Institut für Angewandte Mathematik und Mechanik

Für den unbalancierten Fall der Zweiweg-Klassifikation werden nach der Methode 3 von Henderson (method of fitting constants) die Varianzkomponenten berechnet und es werden ihre Stichprobenstreuungen angegeben.

Die Arbeit ist in den Monatsberichten der Deutschen Akademie der Wissenschaften zu Berlin 4 (1962) H. 10 veröffentlicht.

# Über einige Verteilungssätze in der Theorie der geordneten Stichproben

von I. Vincze

Ungarische Akademie der Wissenschaften Budapest, Mathematisches Institut

## Einleitung

Im folgenden beschäftigen wir uns mit einigen kombinatorischen Fragen, die mit der Stichprobenfunktion von Smirnow, mit dem Galton-Test sowie mit einigen weiteren Statistiken in Zusammenhang stehen. Die vorkommenden Ideen sind einerseits Weiterführungen einiger Überlegungen von Smirnow, Gnedenko, Koroljuk, Mihalevic, anderseits sind sie mit dem Ideenkreis der Äquivalenzprinzipe von Sparre Andersen verknüpft.

In unseren Betrachtungen werden die Konstruktion einiger Stichprobenfunktionen, einfache Methoden ihrer Auswertung, weiterhin mögliche Wege zur Erhöhung der Wirksamkeit gewisser Proben besprochen.

## § 1. Definitionen und Bezeichnungen

1. Es seien $\xi_1, \xi_2, \ldots, \xi_n$ und $\eta_1, \eta_2, \ldots, \eta_n$ zwei Stichproben aus gleich vielen, unabhängigen Elementen, mit den stetigen Verteilungsfunktionen $F(x)$ bzw. $G(x)$. Es wird im folgenden die Annahme $F(x) \equiv G(x)$ vorausgesetzt. Wir bezeichnen die entsprechenden empirischen Verteilungsfunktionen mit $F_n(x)$ und $G_n(x)$, weiterhin die geordneten Stichprobenelemente mit

$$\xi_1^* < \xi_2^* < \cdots < \xi_n^*, \qquad \eta_1^* < \eta_2^* < \cdots < \eta_n^*. \tag{1.1}$$

Es ist wohlbekannt, daß zu einem solchen Paar von Stichproben eine Irrfahrt in ganzzahligen Punkten einer Geraden zugeordnet werden kann, wie das Gnedenko und Koroljuk durchgeführt haben. Dies geschieht folgenderweise: Es sei

$$\zeta_1^* < \zeta_2^* < \cdots < \zeta_{2n}^*$$

die Vereinigung der Elemente der zwei Stichproben, wieder der Größe nach geordnet. Ferner definiert man die Zufallsvariablen ($i = 1, 2, \ldots, n$)

$$\vartheta_i = \begin{cases} +1, & \text{wenn} \quad \zeta_i^* = \xi_j, \\ -1, & \text{wenn} \quad \zeta_i^* = \eta_l. \end{cases}$$

So entspricht der geordneten Vereinigung der beiden Stichproben eine aus $n$ Stück $(+1)$-en und $n$ Stück $(-1)$-en bestehende Folge, und unter der Hypothese $F(x) \equiv G(x)$ sind alle $\binom{2n}{n}$ möglichen Reihenfolgen gleichwahrscheinlich. Wenn man nun die Partialsummen $s_0 = 0$, $s_i = \vartheta_1 + \vartheta_2 + \cdots + \vartheta_i$ ($i = 1, 2, \ldots, 2n$) betrachtet, so gibt die Folge $(s_0, s_1, s_2, \ldots, s_{2n})$ den Verlauf der zufälligen Funktion

$$n(F_n(x) - G_n(x))$$

an, wenn $x$ das Intervall $(-\infty, \infty)$ durchläuft. Speziell für die Smirnow-Statistik bekommt man

$$D_{n,n}^+ = \frac{\varkappa^+}{n} = \max_{(x)} (F_n(x) - G_n(x)) = \frac{\max\limits_{1 \leq i \leq 2n} S_i}{n},$$

d. h. die einseitige maximale Abweichung.

Es soll nun die durch die Folgen der Partialsummen gegebene Irrfahrt folgenderweise dargestellt werden: In einem $(i, s)$-Koordinatensystem betrachten wir die Punkte $(i, s_i)$, $i = 0, 1,$

2, . . . , 2 $n$, verbinden die nacheinander folgenden Punkte durch Geradenstücke. So erhalten wir einen Weg, der von dem Punkt (0, 0) ausgeht und nach 2 $n$ Schritten den Punkt (2 $n$, 0) erreicht. Wie wir erwähnt haben, sind alle möglichen $\binom{2n}{n}$ Wege gleichwahrscheinlich. Die maximale Höhe der Punkte $(i, s_i)$ ist genau $\varkappa^+$. Wir werden noch die folgenden Zufallsvariablen betrachten: Es sei $\varrho^+$ der kleinste Index, für welchen $\varkappa^+$ erreicht wird, d. h.

$$\varrho^+ = \min \{i : s_i = \varkappa^+\} .$$

Wir bezeichnen mit $\lambda + 1$ die Anzahl der Schnittpunkte des Weges mit der Achse, einschließlich der beiden Endpunkte (0, 0) und (2 $n$, 0). $\lambda$ ist also die Anzahl der Wellen (Halbwellen). Für einen Schnittpunkt $(i, s_i)$ ist $s_i = 0$ und $s_{i-1}, s_{i+1} = -1$ $(2 \leqq i \leqq 2n - 2)$, d. h. entweder $s_{i-1} = -1, s_{i+1} = +1$ oder $s_{i-1} = +1, s_{i+1} = -1$.

$\lambda'$ bezeichne die Anzahl jener Nullpunkte, bei denen außer $s_i = 0$ auch $s_{i-1} = +1$ besteht. Die Punkte dieser Art wurden zum erstenmal von MIHALEVIC [6] betrachtet.

## § 2. Die Galtonsche Stichprobenfunktion und einfache Auswertungen von Stichprobenfunktionen

1. Einer der ältesten Tests für den Vergleich zweier Stichproben stammt von GALTON, der dem großen Biologen DARWIN den Gebrauch dieser Probe vorschlug. GALTON betrachtete die Anzahl jener $(\xi_i^*, \eta_i^*)$-Paare in (1.1), für welche $\xi_i^* < \eta_i^*$ ausfällt. Wir bezeichnen diese Zufallsgröße mit $\gamma$. Die Verteilung von $\gamma$ war für GALTON unbekannt und wurde erst durch CHUNG und FELLER [1] bestimmt. Sie betrachteten 2 $\gamma$ in Zusammenhang mit der obenerwähnten Irrfahrt als die Anzahl jener $(i, s_i)$-Punkte, für die entweder $s_i > 0$ ausfällt oder $s_i = 0$ aber $s_{i-1} = +1$ ist. Sie haben bewiesen, daß $\gamma$ gleichverteilt ist, d. h.

$$P(\gamma = g) = \frac{1}{n+1}, \qquad g = 0, 1, 2, \ldots, n .$$

Schon diese Eigenschaft läßt vermuten, daß $\gamma$ als Testfunktion nicht sehr wirksam ist und höchstens wegen ihrer Einfachheit als eine erste Information aufgefaßt werden kann. Wir werden aber zeigen, daß ein sehr ähnliches Verfahren schon zum Wert der konsistenten SMIRNOW-GNEDENKO-KOROLJUK-Statistik führt. Wenn nämlich im Schema (1.1) die Reihe der $\xi^* - s$ nach links verschoben wird, und zwar um so viele Schritte, bis zum erstenmal alle $\xi^* - s$ schon größer sind als die darunterstehenden $\eta^* - s$, dann ist die Anzahl der Schritte $k$ genau gleich $\varkappa^+$.[1])

$$\xi_1^*, \xi_2^*, \ldots, \xi_k^*, \xi_{k+1}^*, \ldots, \xi_n^* \qquad \eta_1^*, \ldots, \eta_{n-k}^*, \ldots, \eta_n^* . \tag{2.1}$$

Wir werden etwas mehr beweisen, und zwar die folgende Behauptung:

Betrachtet man die geordneten Stichproben in der Anordnung (2.1), d. h. nach Verschiebung der ersten Stichprobe um $k$ Schritte nach links, und findet man unter den $(n - k)$ untereinander stehenden $(\xi_{k+i}^*, \eta_i^*)$-Paaren $\gamma^{(k)}$, für welche $\xi_{k+i}^* < \eta_i^*$ ausfällt, so gibt es genau 2 $\gamma^{(k)}$ solche $(i, s_i)$ Punkte, für welche entweder $s_i > k$ oder $s_i = k$ und $s_{i-1} = k + 1$ ist.

Aus diesem Lemma folgt sofort, daß wenn für $k$ zum erstenmal alle Relationen $\xi_{k+i}^* > \eta_i^*$, $i = 1, 2, \ldots, n - k$ bestehen, dann gibt es kein solches $s_i$, das größer als $k$ wäre, es gibt aber mindestens ein $i$ mit $s_i > k - 1$, d. h. $s_i = k = \varkappa^+ = n\, D_{n,n}^+$. Im Falle $\xi_i^* > \eta_i^*$ für $i = 1, 2, \ldots, n$ ist $k = 0$, d. h. $\max\limits_{0 \leqq i \leqq 2n} s_i = 0$.

Beweis. Die bekannte Behauptung, daß 2 $\gamma$ mit der Anzahl der positiven und näher definierten $(s_i = 0, s_{i-1} = +1)$ Nullstellen der $s_i$-Folge zusammenfällt, ist auch eine Konsequenz des folgenden Beweises. — Es sei für ein $i$ $\xi_{k+1}^* < \eta_i^*$. In diesem Fall gibt es in der Summe $s_{k+2i-1}$ mindestens $k + i$ solche $\vartheta_j$, die $+1$ sind, und die Anzahl des $(-1)$-ten ist höchstens $i - 1$. Also

[1]) Die Idee der Verschiebung der Stichproben — wenn auch nicht genau in dieser Form — stammt von SMIRNOW [7] und wurde später von MIHALEVIC [6] betrachtet.

können wir schreiben

$$s_{k+2i-1} \geqq k + i - (i - 1) = k + 1 .$$

Es ist also $s_{k+2i-1} \geqq k + 1$ und $s_{k+2i} \geqq k$. Umgekehrt, wenn $\xi^*_{k+2i} > \eta^*_i$ ausfällt, dann besteht $s_{k+2i}$ mindestens aus $i$ Stück $(-1)$ und enthält so höchstens $(k + i)$ Stück $(+1)$; also

$$s_{k+2i} \leqq k + i - i = k .$$

Es ist also entweder $s_{k+2i} < k$ oder $s_{k+2i} = k$, in welchem Falle aber $\vartheta_{k+2i}$ $\eta^*_i$ entspricht, also gleich $-1$ ist, und $s_{k+2i-1} = k - 1$ besteht, q. e. d.

Unser Lemma drückt also eine sehr einfache Tatsache aus, die aber die Möglichkeit bietet, aus den geordneten Stichprobenelementen nicht nur das Maximum, sondern auch weitere Informationen über den Ablauf der Irrfahrt abzulesen: Z.B. die Verschiebung der Reihenfolge der $\xi^* - s$ nach rechts gibt die Möglichkeit zur Untersuchung des unteren Teiles der Irrfahrt. Wenn die Verschiebung um $k$ Schritte zum erstenmal ergibt, daß alle $\xi^* - s$ kleiner als die darunterstehenden $\eta^* - s$ sind, dann ist $k = -\varkappa^-$, d. h. das Minimum, und aus $\varkappa^+$ und $\varkappa^-$ bekommen wir das Maximum der absoluten Abweichung: $\varkappa = \max(\varkappa^+, -\varkappa^-)$.

2. Eine andere Stichprobenfunktion, deren Wert aus dem Schema (1.1) einfach abgelesen werden kann, ist die Anzahl der Wellen, wie dieser Begriff in § 1 eingeführt wurde. Wir konstruieren aus den Vorzeichen $+$ und $-$ die folgende Reihenfolge: An der $i$-ten Stelle soll $+$ stehen, wenn $\xi^*_i < \eta^*_i$ und $-$ wenn $\xi^*_i > \eta^*_i$. So bekommen wir eine Folge von $n$ Vorzeichen, und es besteht die folgende Behauptung:

Die Anzahl des Zeichenwechsels in dieser Folge von Vorzeichen gibt den Wert $\lambda - 1$.

Der Beweis ergibt sich aus dem Gedankengang der Bestätigung der ersten Behauptung: $\xi^*_i < \eta^*_i$ bedeutete (der Fall $k = 0$) $s_{2i-1} \geqq 1$ und $\xi^*_{i+1} > \eta^*_{i+1}$ bedeutete $s_{2i+2} \leqq 0$, mit $s_{2i+1} \leqq -1$. Wegen der „Stetigkeit" des Weges, d. h. wegen der Tatsache, daß ein Schritt genau den Sprung $+1$ oder $-1$ gibt, muß

$$s_{2i-1} = +1 , \quad s_{2i} = 0 , \quad s_{2i+1} = -1$$

bestehen. Umgekehrt: Aus $s_{2i} = 0$ folgt, daß in der geordneten Vereinigung der zwei Stichproben an den ersten $2i$ Stellen genau $i$ Elemente aus der ersten ebenso wie aus der zweiten Stichprobe zu finden sind. $s_{2i-1} = +1$ bedeutet, daß $\vartheta_{2i} = -1$ ist, d. h., daß es genau $\eta^*_i$ entspricht, was aber so hinter $\xi^*_i$ steht, also ist $\xi^*_i < \eta^*_i$. Ebenso bekommt man $\xi^*_{i+1} > \eta^*_{i+1}$ nur im Falle, wenn $s_{2i+1} = -1$ ist.

3. Für die Stichprobenfunktion $\lambda$ hat der Verfasser zusammen mit E. Csáki [2] die folgende Verteilung gefunden: unter der Nullhypothese $F(x) \equiv G(x)$

$$P(\lambda = l) = \frac{2l}{n} \frac{\binom{2n}{n-l}}{\binom{2n}{n}} , \qquad l = 0, 1, 2, \ldots, n . \tag{2.2}$$

Die Statistik $\lambda$ hat eine ebenso einfache Verteilung wie die einseitige Gnedenko-Koroljuk-Verteilung:

$$P(\varkappa^+ = k) = \frac{2k+1}{n+k+1} \frac{\binom{2n}{n-k}}{\binom{2n}{n}} , \qquad k = 0, 1, 2, \ldots, n . \tag{2.3}$$

Im Gegensatz zu $\varkappa^+$ ist die Statistik $\lambda$ „zweiseitig", d. h. symmetrisch. Es wäre interessant, die statistischen Eigenschaften, wie Konsistenz, Effizienz usw. dieser Wahrscheinlichkeitsveränderlichen zu untersuchen.

Der Verfasser hat in seinen Arbeiten [8, 9] darauf hingewiesen, daß die Ergänzung einer Stichprobenfunktion durch eine weitere den Test wirksamer macht. Schon aus heuristischen Gründen scheint die simultane Prüfung der Statistiken $\varkappa$ und $\lambda$ eine gute Kontrolle gegenüber vielen Arten von Alternativen zu geben. Dazu braucht man die gemeinsame Verteilung dieser Statistiken, die wir mit E. Csáki in [4] bestimmt haben und die folgendermaßen lautet:

Unter der Nullhypothese $F(x) \equiv G(x)$

$$\binom{2n}{n} P(\lambda = l\,,\ \varkappa = k)$$
$$= 2 \sum_{i=0}^{l} \sum_{j=0}^{\infty} (-1)^i \binom{l}{i} \binom{l+j-1}{j} \binom{2n}{n - i(k-1) - j(k+1) - l} \frac{i(k-1) + j(k+1) + l}{n}.$$

## § 3. Äquivalenzsätze

Die Verteilungen der Stichprobenfunktionen $\lambda$ und $\varkappa^+$ [in Formeln (2.2) und (2.3)] zeigen bereits gewisse Ähnlichkeiten auf; ihre Grenzverteilungen fallen z.B. zusammen. Es gilt aber etwas mehr: Wenn wir die gemeinsame, d. h. zweidimensionale Verteilung von den Statistiken $(\varkappa^+, \varrho^+)$ einerseits und $(\lambda, \gamma)$ anderseits betrachten, so bekommen wir die folgende asymptotische Äquivalenzrelation:

$$\lim_{n\to\infty} P\left(\varkappa^+ < y\sqrt{2n},\quad \varrho^+ < 2nz\right) = \lim_{n\to\infty} P\left(\lambda < y\sqrt{2n},\ \gamma < nz\right)$$
$$= \sqrt{\frac{2}{\pi}} \int_0^y \int_0^z \frac{u^2}{[v(1-v)]^{3/2}} e^{-\frac{u^2}{2v(1-v)}} du\, dv\,, \qquad 0 \leqq y\,, \quad 0 \leqq z \leqq 1\,.$$

E. S. Andersen hat die Frage gestellt, ob hier nicht gewisse kombinatorische Korrespondenzprinzipien vorhanden sind.

Die Untersuchung dieser Frage hat einige interessante Ergebnisse ergeben:

Durch eineindeutige Abbildung der entsprechenden Irrfahrtswege haben wir mit E. Csáki unter anderem folgende Relationen bewiesen [3]:

$$P(\varkappa^+ = l) = \frac{1}{2}(P(\lambda = l) + P(\lambda = l+1))\,, \qquad P(\varkappa^+ = l\,, \quad \varrho^+ = g) = P(\lambda' = l\,, \quad \gamma = g)\,.$$

Diese Relationen sind analog zu Resultaten von E. S. Andersen und F. Spitzer bezüglich der ersten Maximumstelle und Anzahl der positiven Teilsummen, obwohl unsere Untersuchungen sich nur auf spezielle Veränderliche beziehen, doch auch auf Paare von Zufallsveränderlichen. Ich bemerke noch, daß unsere Grenzverteilungssätze auch für allgemeinere Veränderliche gültig sind.

### Literatur


[1] Chung, K. L. and Feller, W., Fluctuations in coing tossing. Proceedings National Academy of Sciences USA **35** (1949) 605–608.

[2] Csáki, E. and Vincze, I., On some problems connected with the Galton-test. Publications of the Mathematical Institute of the Hungarian Academy of Sciences **6**. A. (1961) 97–109.

[3] Csáki, E. and Vincze, I., Some combinatorial relations concerning the symmetric random walk. Acta Scientiarum Mathematicarum (Szeged); im Erscheinen.

[4] Csáki, E. and Vincze, I., Two joint distribution theorems in the theory of order statistics. Im Erscheinen.

[5] Гнеденко, Б. В., Проверка неизменности распределения вероятностей в двух независимых выборках. Mathematische Nachrichten **12**, 1/2 (1954) 29–63.

[6] Михалевич, В. С., О взаимном расположении двух эмпирических функций распределения. Доклады Академии Наук СССР **85** (1952) 3, 485–488.

[7] Смирнов, Н. В., Оценка расхождения между эмпирическими кривыми распределения в двух независимых выборках. Бюлетень Московского государственного Университета Математика **2** (1939) 2, 3–14.

[8] Vincze, I., Einige zweidimensionale Verteilungs- und Grenzverteilungssätze in der Theorie der geordneten Stichproben. Mitteilungen des mathematischen Institutes der Ungarischen Akademie der Wissenschaften **2** (1957) 183–209.

[9] Vincze, I., On two-sample tests based on order statistics. Proceedings of the Fourth Berkeley Symposium on Probability and Statistics **1** (1960) 695–705.

www.ingramcontent.com/pod-product-compliance
Lightning Source LLC
LaVergne TN
LVHW081349011026
849161LV00013BB/3034